灾害信息员实用手册

主　编　俞志壮

副主编　翟国庆　江　宇　顾世俭

图书在版编目(CIP)数据

灾害信息员实用手册 / 俞志壮主编. —杭州：浙江大学出版社，2012.7(2014.6 重印)
ISBN 978-7-308-10118-9

Ⅰ.①灾… Ⅱ.①俞… Ⅲ.①灾害防治—手册 Ⅳ.①X4-62

中国版本图书馆 CIP 数据核字(2012)第 132855 号

灾害信息员实用手册

俞志壮　主编

责任编辑　许佳颖
封面设计　黄晓意
出版发行　浙江大学出版社
(杭州市天目山路 148 号　邮政编码 310007)
(网址：http://www.zjupress.com)
排　　版　浙江时代出版服务有限公司
印　　刷　浙江省邮电印刷股份有限公司
开　　本　880mm×1230mm　1/32
印　　张　6.25
字　　数　168 千
版 印 次　2012 年 7 月第 1 版　2014 年 6 月第 2 次印刷
书　　号　ISBN 978-7-308-10118-9
定　　价　14.20 元

前　　言

我国是世界上自然灾害发生最严重的国家之一，不仅灾害种类多，而且发生频率高、分布地域广，造成的损失大。目前，中国各级灾害管理部门从事灾害信息管理工作的人员无论从数量上还是质量上都远不能适应党中央国务院提出的加强国家应急体系建设的需要。按照今后在村一级建立灾害信息员工作制度的要求，我国目前十分需要有一定技能的灾害信息管理人员。灾害信息员今后将主要从事及时获取并汇总灾害发生和发展情况，及时向上级灾害管理部门报送相关灾害信息，对灾害情况进行全面核定，对灾害情况进行处理、分析、评估等工作。灾害信息员新职业的确立，为培养一大批高水平、专业化的灾害信息管理人才，全面提高中国的灾害管理水平将提供有力支持。

2007 年初，原劳动和社会保障部将灾害信息员列入国家职业系列，2007 年底，原劳动和社会保障部、民政部颁布实施了《灾害信息员国家职业标准》，灾害信息员成为灾害管理领域内一个新的国家认证职业。2009 年，民政部积极开展灾害信息员职业资格制度试点。2010 年，民政部在试点工作的基础上，在全国范围内开展灾害信息员职业技能鉴定工作，并争取用 5 年时间基本完成城乡基层灾害信息员职业技能鉴定工作，全面提升中国灾害信息管理水平。

本职业共设五个等级，分别为：初级灾害信息员（国家职业资格五级）、中级灾害信息员（国家职业资格四级）、高级灾害信息员（国家职业资格三级）、灾害信息师（国家职业资格二级）和高级灾害信息师（国家职业资格一级）。

灾害信息员是解决灾害预警信息传递“最后一公里”瓶颈问题和确保灾情信息及时准确上报的关键力量，是我国一支重要的基层队伍。加强城乡基层灾害信息员队伍建设，是完善突发公共事件应急体系和灾害应急救助工作机制的内在要求，也是建立健全国家减灾救灾体系的重要内容。

本教材是在国家民政部统一教材基础上，根据浙江省的实际情况修改和编制的。本书由浙江省民政厅俞志壮主编，翟国庆、江宇、顾世俭副主编。本书共分五章，第一章由翟国庆、刘玉丽等编写；第二章由徐亚钦、翟国庆、周广喆等编写；第三章由翟国庆、韩宇等编写；第四章由舒泽虎、俞忠伟、韩宇等编写；第五章由江宇、顾世俭、秦艳燕等编写。

浙江省民政厅救灾处

2012 年 4 月

目　录

第1章　浙江省自然灾害概况与特点

1.1　自然灾害概况

我国是世界上自然灾害损失最严重的国家之一。2001—2010年，全国平均每年受灾害影响的人口约为4.7亿人，其中因灾死亡数千人，因灾害转移安置1200多万人，农作物受灾面积达5000多万公顷，绝收面积700多万公顷，倒塌房屋约300万间。随着我国国民经济持续高速发展，自然灾害造成的损失有日益加重的趋势。灾害已成为制约国民经济持续稳定发展的主要因素之一。从灾害区划看，全国有74%的省会城市和62%的地级以上城市位于地震烈度七度以上危险地区，70%以上的大城市、半数以上的人口、75%以上的工农业产值，分布在气象、海洋、洪水、地震等灾害严重的地区。许多自然灾害，特别是等级高、强度大的自然灾害发生以后，常常诱发一连串其他灾害的发生，这种现象叫灾害链。灾害链中最早起作用的灾害为原生灾害；由原生灾害所诱发的灾害称为次生灾害。自然灾害破坏了人类生存的和谐条件，由此还导致一系列其他灾害，即衍生灾害。例如大旱，地表与浅部淡水极度匮乏，人们只能饮用深层含氟量较高的地下水，从而导致氟病的流行，这些都称为衍生灾害。①

浙江省属东南沿海省份，我国主要经济发达地区之一。浙江省东西和南北的直线距离均为450千米左右，陆域面积10.18万平方

---

①　中国自然灾害_百度百科

千米，是中国面积最小的省份之一。下辖杭州、宁波2个副省级城市，温州、绍兴、湖州、嘉兴、金华、衢州、台州、丽水、舟山9个地级市，22个县级市，68个市辖区/县(一个自治县)，区域行政单位101个。

浙江省地形复杂，山地和丘陵占70.4%，平原和盆地占23.2%，河流和湖泊占6.4%，耕地总面积仅为208.17万公顷，故有“七山一水两分田”之说。浙江省地势由西南向东北倾斜，大致可分为浙北平原、浙西丘陵、浙东丘陵、中部金衢盆地、浙南山地、东南沿海平原及滨海岛屿等六个地形区。浙江省内有钱塘江、瓯江、灵江、苕溪、甬江、飞云江、鳌江、京杭运河(浙江段)等八条水系；有杭州西湖、绍兴东湖、嘉兴南湖、宁波东钱湖四大名湖及人工湖泊千岛湖。

2010年，浙江省户籍人口为4747万人，常住人口为5446万人，其中居住在城镇的人口2742万人，占总人口的56.02%；居住在乡村的人口2152万人，占总人口的43.98%。

浙江省属经济发达省份，2010年人均国民经济总产值达到2.77万元，同时，浙江省也是遭受自然灾害严重的省份之一，每年遭受台风、洪涝、风雹灾、雪灾、低温冷冻、干旱等自然灾害的影响，受灾严重。据浙江省民政厅统计，2001—2010年浙江省因自然灾害累计造成了较大的人员伤亡和经济等损失，平均每年受灾区域为77个县(区、市)左右，即浙江省70%左右的行政区域受不同程度的自然灾害；年平均受灾人口1764余万人，是全省人口的35%左右。其中，2008年受灾人口最多，达到3148.7万人；年平均死亡人口为80人，最多因灾死亡人数为225人(2004年)。为最大限度地避免自然灾害造成的人员伤亡，浙江省政府和各级政府部门等都会进行危险区的人员转移，平均每年紧急转移人口达到119万余人，最多一年紧急转移安置了352万人(2005年)，如表1-1所示。

表1-1　浙江省受灾人口

年份	受灾县(市)数量(个)	受灾人口(万人)	因灾死亡(人)	紧急转移安置(万人)
2001	72	1143.0	49	22.3
2002	63	1877.0	86	60.2
2003	71	1723.5	21	2.0
2004	75	2249.1	225	88.4
2005	88	2778.1	89	352.0
2006	76	1035.2	221	144.9
2007	90	1622.1	51	253.4
2008	90	3148.7	18	138.7
2009	82	1071.2	22	106.0
2010	65	997.7	26	27.5
合计	772	17645.6	808	1195.4
年平均	77.2	1764.6	80.8	119.5

1.2　浙江省自然灾害基本特点

浙江省常见的自然灾害有台风、洪涝、风雹、干旱等，影响最大的是台风灾害。

表1-2统计了2001—2010年浙江省因台风影响而受灾的情况，十年年平均有3.5个台风影响浙江省，其中1.1个登陆浙江省，超过过去50年的平均状况。也就是说，平均影响和登陆浙江省的台风数量在增加，每年因台风灾害造成的死亡人口约50人，直接造成经济损失约117.7亿元，占浙江省因自然灾害造成的年平均死亡人口和直接造成经济损失的62%和68.9%。2004年有7个台风影响浙

江，其中 3 个台风登陆浙江省，造成了 186 人死亡或失踪，直接经济损失达 257.3 亿元。其中，2005 年的经济损失最大，达到 421.9 亿元，65 人死亡。2006 年有 4 个台风影响浙江省，造成 136.2 亿元的直接经济损失和 197 人死亡，其中 8 号超强台风“桑美”在浙江省登陆，为近 50 年来登陆我国大陆强度最强的台风。

表 1-2　2001—2010 年影响浙江台风灾害情况

年份	影响浙江台风数量（个）	其中登陆浙江台风数量（个）	因灾死亡、失踪（人）	直接造成经济损失（亿元）	登陆、影响浙江的台风名称
2001	4	/	/	3.4	飞燕、桃芝、利奇马、海燕
2002	2	1	35	51.0	威马逊、森拉克
2003	3	1	1	0.99	莫拉克、环高、鸣蝉
2004	7	3	186	257.3	蒲公英、云娜、鲶鱼、艾利、海马、洛坦、南玛都
2005	5	2	65	421.9	海棠、麦莎、泰利、卡努、龙王
2006	4	1	197	136.2	珍珠、碧利斯、格美、桑美
2007	3	2	14	184.6	圣帕、韦帕、罗莎
2008	4	1	/	21.4	海鸥、凤凰、森拉克、蔷薇
2009	2	/	6	98.7	莲花、莫拉克
2010	1	/	/	1.3	莫兰蒂
合计	35	11	504	1176.79	
平均	3.5	1.1	50.4	117.68	

2005 年是浙江省遭受台风影响最严重的年份。据统计，当年因台风受灾人口为 2137 万人，转移安置人口 347.9 万人，因灾死亡人口 65 人，农作物受灾面积 81.07 万公顷，绝收面积 15.99 万公顷，倒

塌房屋 4.4 万间,倒塌居民房屋 1.9 万间,直接经济损失 421.94 亿元,农业直接经济损失 153.80 亿元。图 1-1 为 2005 年影响和登陆浙江的台风移动路径。所有台风路径趋势较为相近,即使不在浙江省登陆,也在邻省福建省登陆,然后向西北移动而影响浙江省,对浙闽都造成了严重的灾害。

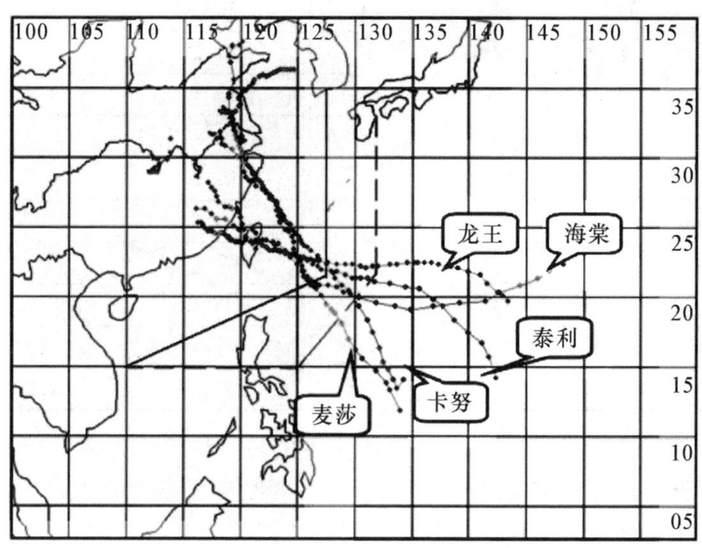

图 1-1　2005 年登陆和影响浙江台风路径图
(引自 2005 年浙江省气象灾害年鉴)

表 1-3 为浙江省 2001—2010 年的洪涝灾害情况。洪涝灾害是浙江省第二大灾害,2001—2010 年每年都发生,给各大流域和水库区域造成严重威胁。这十年间,平均每年造成的受灾人数约为 303.7 万人,平均因灾死亡和失踪人口约 17 人,平均倒塌房屋 5839.7 间和约近百千公顷耕地受灾,平均直接经济损失 21.88 亿元左右,占浙江省因自然灾害造成的年平均经济损失的 12.8%。

表 1-3　2001—2010 年浙江省洪涝灾害情况

年份	受灾人数（万人）	倒塌房屋（间）	因灾死亡和失踪（人）	农作物受灾面积（千公顷）	直接造成经济损失（亿元）
2001	783.3	11586	49	27.0	29.0
2002	613.7	15978	46	206.6	26.5
2003	193.5	2098	13	77.4	8.2
2004	93.2	1241	2	23.2	2.3
2005	113.8	9000	14	60.8	9.8
2006	148.1	1905	15	67.5	9.9
2007	37.3	1262	8	19.0	5.1
2008	320.1	3800	8	167.1	40.5
2009	169.9	3141	/	77.1	17.7
2010	564.1	8386	17	247.2	69.8
合计	3037	58397	172	972.9	218.8
平均	303.7	5839.7	17.2	97.29	21.88

低温冷冻、暴雪是造成大范围灾害的另一种气象灾害。2000 年以后低温冷冻和雪灾最严重的年份是 2008 年，造成死亡人口在各种灾害中最多，占浙江省当年因灾死亡人口的 50%，如图 1-2 所示。2008 年因低温冷冻和雪灾造成农作物绝收面积最大、直接经济损失最严重，占浙江省当年农作物损失的 75.4%和因灾损失的 72.4%，如图 1-3 和 1-4 所示。

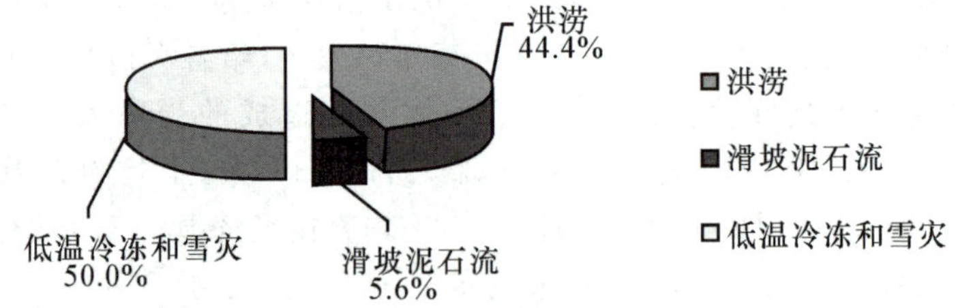

数据来源：浙江省民政厅自然灾害公报

图 1-2　2008 年自然灾害分灾种死亡人口情况

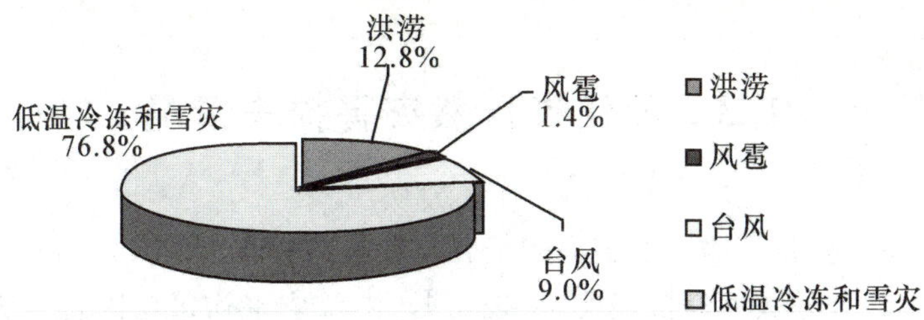

数据来源:浙江省民政厅自然灾害公报

图 1-3 2008 年自然灾害分灾种农作物绝收面积情况

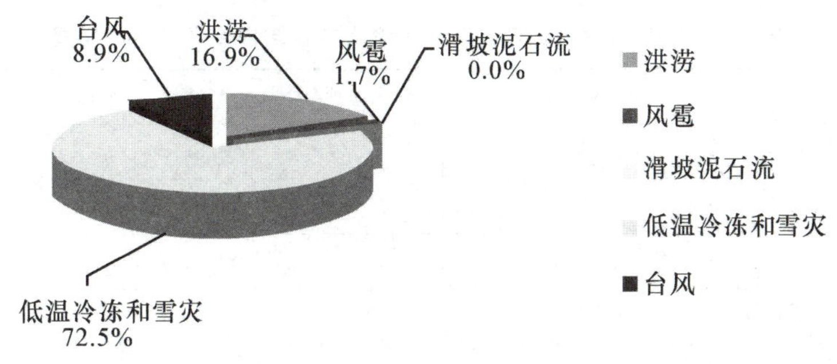

数据来源:浙江省民政厅自然灾害公报

图 1-4 2008 年自然灾害分灾种直接经济损失情况

2001—2010 年,地震灾害对浙江省的影响较小,但偶有发生。2006 年 2 月 4 日凌晨 4 时 46 分,浙江省文成、泰顺县珊溪水库库区发生有感地震,最大震级为 ML(地方性震级)4.6 级。这次地震震源浅、破坏力强、持续时间长、频率高、影响范围广,加上震区居民住房等设施抗震能力较弱等原因,震区受灾情况较为严重。据统计,地震累计造成受灾人口 12.6 万人,倒塌房屋 231 间,直接经济损失 23985 万元,其中农业直接经济损失 2106 万元。

1.3 浙江省自然灾害损失情况

浙江省每年因自然灾害的侵袭与影响造成较重的人口和农作物受灾，以及较大的经济损失，见表1-4。浙江省平均每年因自然灾害而造成的经济损失达171.62亿元，占全省国内生产总值的1.195%。特别是2005年，由于台风影响数量超过往年，灾情和经济损失也特别重。

表1-4　2001—2010年灾害损失占浙江省省国内生产总值的比重

年份	经济损失(亿元)	占全省国内生产总值的比重(%)
2001	34.0	0.50
2002	89.9	1.07
2003	62.9	0.67
2004	257.3	2.29
2005	441.6	3.30
2006	161.3	1.03
2007	196.1	1.05
2008	240.5	1.11
2009	119.8	0.52
2010	112.7	0.41
合计	1716.2	11.95
平均	171.62	1.195

2001—2010年，造成浙江省人员死亡和失踪的自然灾害种类主要是台风、滑坡泥石流、洪涝和风雹，而滑坡泥石流灾害与强降水相关，即主要与台风和洪涝灾害相关。台风和滑坡泥石流类主要造成

沿海地区的人员伤亡；洪涝和风雹灾害在浙江全省各地发生，具体见表1-5。

表1-5 2001—2010年因灾死亡(失踪)人口统计表

年份	因灾死亡(失踪)(人)	对应的主要灾害种类
2001	49	洪涝
2002	86	洪涝、台风
2003	21	洪涝、风雹、台风
2004	225	台风、风雹、雪灾
2005	89	台风、洪涝、风雹、雪灾
2006	221	台风、风雹、洪涝、滑坡泥石流
2007	51	风雹、台风、洪涝
2008	18	低温冷冻、洪涝、滑坡泥石流
2009	22	滑坡泥石流、台风、风雹
2010	26	洪涝、山体滑坡和泥石流
合计	808	—
平均	80.8	—

2001—2010年，浙江省因灾造成房屋倒塌累计34.99万间(见表1-6)，平均每年因灾倒塌3.499万间，其对应的自然灾害种类主要是台风、洪涝和泥石流灾害，其中倒塌房屋最多的是2005年和2006年。因灾造成的农业作物受灾情况同样严重，2001—2010年，农作物受灾平均面积达70.96万公顷，其中绝收面积占9.45万公顷。2001—2010年，因灾造成的直接经济损失累计达1716.2亿元，其中2005年最严重，经济损失为441.6亿元，其中农业直接经济损失达166.2亿元。

表 1-6　2001—2010 年浙江省倒塌房屋与农业受灾影响统计

年份	倒塌房屋(万间)			农作物受灾面积(万公顷)		因灾直接经济损失(亿元)	
	倒塌房屋	倒塌民房	损坏房屋	农作物受灾面积	绝收面积	因灾直接经济损失	其中农业直接经济损失
2001	1.38	0.97	11.1	34.01	3.17	34.0	18.2
2002	4.96	3.16	39.3	60.04	7.56	89.9	42.6
2003	0.8	0.4	14.7	79.57	13.27	62.9	42.8
2004	8.5	4.29	40.5	80.97	8.35	257.3	73.0
2005	7.4	5.4	42.2	109.33	19.38	441.6	166.2
2006	6.16	4.83	51.31	41.23	4.87	161.4	53.29
2007	1.68	1.2	12.80	84.62	11.77	196.1	96.2
2008	1.79	0.61	10.23	116.46	14.03	240.5	128.1
2009	1.34	0.96	7.2	44.46	5.77	119.8	47.2
2010	0.98	0.68	6.7	58.92	6.33	112.7	63.5
合计	34.99	22.5	236.04	709.61	94.50	1716.2	731.09
平均	3.499	2.25	23.604	70.961	9.45	171.62	73.11

第 2 章　自然灾害基本知识

自然灾害是指给人类生存带来危害或损害人类生活环境的自然现象，包括干旱、洪涝、台风、冰雹、雪、沙尘暴等气象灾害，火山、地震灾害，山体崩塌、滑坡、泥石流等地质灾害，风暴潮、海啸等海洋灾害，森林草原火灾和重大生物灾害等。① 在我国，除现代火山活动外，几乎所有自然灾害都在出现过。浙江省遭受的自然灾害主要有干旱、台风、洪涝、风雹等。

2.1　干旱灾害

干旱是一个长期存在的世界性难题，全球干旱半干旱地区约占陆地面积的 35%，遍及全世界 60 多个国家和地区。干旱的频繁发生和长期持续，不但会给社会经济，特别是农业生产带来巨大的损失，还会造成水资源短缺、荒漠化加剧、沙尘暴频发等诸多生态和环境问题。

2.1.1　干旱的定义

干旱是因长期少雨而导致的空气干燥、土壤缺水的气候现象。从自然的角度来看，干旱和旱灾是两个不同的科学概念。干旱通常指淡水总量少，不足以满足人的生存和经济发展的气候现象。干旱

① 《自然灾害灾情统计第 1 部分：基本指标》GB/T 24438.1—2009。

一般是长期的现象；而旱灾是属于偶发性的自然灾害，甚至在通常水量丰富的地区也会因一时的气候异常而导致旱灾。干旱和旱灾从古至今都是人类面临的主要自然灾害。即使在科学技术如此发达的今天，它们仍容易造成灾难性后果。图 2-1 为 2010 年我国西南大旱造成的土地干裂和水库干涸。尤其值得注意的是，随着人类的经济发展和人口膨胀，水资源短缺现象日趋严重，这也直接导致了干旱地区的扩大与干旱化程度的加重，干旱化趋势已成为全球关注的问题。

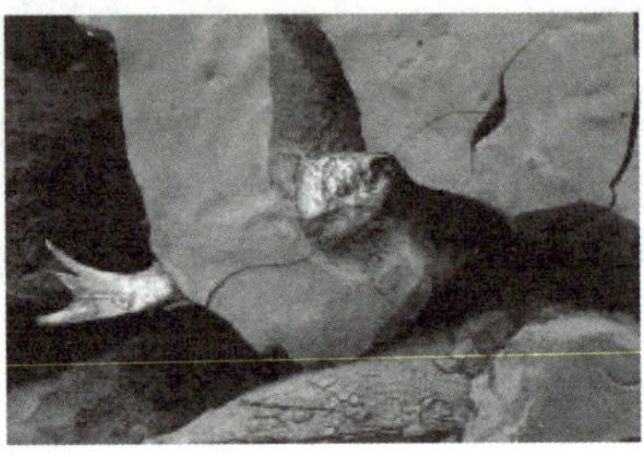

图 2-1　2010 年我国西南大旱

2.1.2　干旱的等级

《气象干旱等级》是 2006 年 11 月 1 日开始实施的 8 个气象国家标准之一，是中国首次发布的用于监测干旱灾害的国家标准，结束了中国气象干旱监测和评估技术方法多、各地和各部门干旱等级不一致的历史，标志着中国在气象干旱监测、干旱影响评估等方面有了统一标准，气象干旱监测技术和评估方法将实行标准化和规范化，干旱监测和评估有章可循。

《气象干旱等级》国家标准中将干旱划分为五个等级，并评定了不同等级的干旱对农业和生态环境的影响程度，具体见表 2-1。

表 2-1　干旱的等级

等级	现象	特点
正常或湿涝		降水正常或较常年偏多，地表湿润，无旱象
轻旱	连续无降雨天数：春季 16～30 天，夏季 16～25 天，秋冬季 31～50 天	降水较常年偏少，地表空气干燥，土壤出现水分轻度不足，对农作物有轻微影响
中旱	连续无降雨天数：夏季 26～35 天，秋冬季 51～70 天	降水持续较常年偏少，土壤表面干燥，土壤出现水分不足，地表植物叶片白天有萎蔫现象，对农作物和生态环境造成一定影响
重旱	连续无降雨天数：春季达 46～60 天，夏季 36～45 天，秋冬季 71～90 天	土壤出现水分持续严重不足，土壤出现较厚的干土层，植物萎蔫、叶片干枯，果实脱落，对农作物和生态环境造成较严重影响，对工业生产、人畜饮水产生一定影响
特旱	连续无降雨天数：春季 61 天以上，夏季 46 天以上，秋冬季 91 天以上	土壤出现水分长时间严重不足，地表植物干枯、死亡，对农作物和生态环境造成严重影响，工业生产、人畜饮水产生较大影响

2.1.3　干旱的成因

从自然因素来说，干旱的发生主要与偶然性或周期性的降水减少有关。从人的因素上来考虑，人为活动导致干旱发生的原因主要有以下 4 个方面：①人口大量增加，导致有限的水资源越来越短缺；②森林植被被人类破坏，植物的蓄水作用丧失，加上抽取地下水，导致地下水和土壤水减少；③人类活动造成大量水体污染，可用水资源减少；④用水浪费严重，尤其是农业灌溉用水浪费惊人，导致水资源短缺。干旱除了自然因素外，与人类活动所造成的植物系统分布、温度平衡分布、大气循环状态改变和化学元素分布改变等有关。

2.1.4 干旱的划分与危害

1. 干旱的划分

我国各地根据农业生产的特点和习惯，按干旱出现的季节，分为春旱、夏旱、伏旱、秋旱和季节连旱5种类型。

长江中下游地区将干旱分为春旱、伏旱和秋旱3种。

(1)春旱：发生在5—7月初，春末夏初。这一地区本应有梅雨，降水增多，但在环流异常变化下，也会有干旱出现。

(2)伏旱：发生在7—8月。梅雨结束，长期晴热少雨，出现伏旱。

(3)秋旱：发生在9—10月。如果台风和冷锋降水很少，将会秋高气爽，持续少雨，出现秋旱。

我国干旱发生频繁。从地区上来看，东北的西南部、黄淮海地区、华南南部及云南、四川南部等地年干旱发生频率较高，其中华北中南部、黄淮北部、云南北部等地达60%～80%；我国其余大部地区不足40%；东北中东部、江南东部等地年干旱发生频率较低，一般小于20%。由于降水不均，每个季节都有地方性干旱。全国各地皆以冬春旱或春旱发生的机会最多，持续时间最长。

2. 干旱的危害

干旱是对人类社会影响最严重的气候灾害之一，它具有出现频率高、持续时间长、波及范围广的特点。1949—2006年，我国平均每年受旱面积2122万公顷，约占各种气象灾害受灾面积的60%。干旱主要可以导致以下灾害：①人体免疫力下降；②干旱是危害农牧业生产的第一灾害；③进一步恶化生态环境；④加剧土地荒漠化进程；⑤气候暖化引发其他自然灾害。

气象条件影响作物的分布、生长发育、产量及品质的形成，而水分条件是决定农业发展类型的主要条件。干旱由于其发生频率高、持续时间长、影响范围广、后延影响大，成为影响我国农业生产最严重的气象灾害。干旱也是我国主要畜牧气象灾害，主要表现在影响牧草、畜产品和加剧草场退化和沙漠化。例如，2009年，浙南地区春末降水异常偏少，各地不同程度出现干旱缺水，地区平均降水量只有20mm，比常年同期偏少83.6%。持续少雨的天气，致使丽水市各型水库蓄水量明显偏少。气象部门于5月中旬紧急实施多次火箭人工增雨作业，以缓解干旱的影响。

气候暖干化可造成江河湖泊的水位下降，部分干涸和断流。地表水源补给不足，只能依靠大量超采地下水来维持居民生活和工农业发展。超采地下水又导致了地下水位下降、漏斗区面积扩大、地面沉降、海水入侵等一系列的生态环境问题。

干旱会导致草场植被退化。我国大部分地区处于干旱半干旱和亚湿润的生态脆弱地带，气候特点为夏季盛行东南季风，雨热同季，降水主要发生在每年的4—9月。北方地区雨季虽然也是每年的4—9月，但存在着很大的空间差异性，有十年九旱的特点。由于气候环境的变迁和不合理的人为干扰活动，导致了植被严重退化，进入21世纪以后，连续几年，干旱有加重的趋势，而且常造成春夏秋连旱，对脆弱生态系统非常不利。

冬春季的干旱易引发草原、森林火灾。自2000年以来，由于全球气温的不断升高，导致北方地区气候偏旱，林地地温偏高，草地枯草期长，森林地下火和草原火灾有增长的趋势。

2.1.5 干旱预警及相应防御措施

干旱预警信号分两级，以橙色、红色表示。干旱指标等级划分以国家标准《气象干旱等级》中的综合气象干旱指数为标准(表2-2)。

表 2-2　干旱灾害预警信号及防御指南

图标	标准	防御指南
干旱 橙 DROUGHT	预计未来一周综合气象干旱指数达到重旱(气象干旱为25—50年一遇)，或者某一县(区)有40%以上的农作物受旱	①有关部门和单位按照职责做好防御干旱的应急工作； ②有关部门启用应急备用水源，调度辖区内一切可用水源，优先保障城乡居民生活用水和牲畜饮水； ③压减城镇供水指标，优先经济作物灌溉用水，限制大量农业灌溉用水； ④限制非生产性高耗水及服务业用水，限制排放工业污水； ⑤气象部门适时进行人工增雨作业
干旱 红 DROUGHT	某地在预计未来一周综合气象干旱指数达到特旱(气象干旱为50年以上一遇)，或者某一县(区)有60%以上的农作物受旱	①有关部门和单位按照职责做好防御干旱的应急和救灾工作； ②各级政府和有关部门启动远距离调水等应急供水方案，采取提外水、打深井、车载送水等多种手段，确保城乡居民生活和牲畜饮水； ③限时或者限量供应城镇居民生活用水，缩小或者阶段性停止农业灌溉供水； ④严禁非生产性高耗水及服务业用水，暂停排放工业污水； ⑤气象部门适时加大人工增雨作业力度

2.1.6　我国的旱灾

我国旱灾频繁，旱灾记载见于历代史书、地方志、宫廷档案、碑文、刻记及其他文物史料中。1950—1986年全国平均每年受旱面积3亿亩，成灾1.1亿亩。干旱严重的1959年、1960年、1961年、1972年、1978年和1986年，全国受旱面积都超过4.5亿亩，且成灾面积超过1.5亿亩。1972年，北方大范围少雨，春夏连旱，灾情严重；南方部分地区伏旱严重；全国受旱面积4.6亿亩，成灾2亿亩。1978年全国受旱范围广、持续时间长，旱情严重，一些省份1—10月的降水量比常年少30%～70%，长江中下游地区的伏旱最为严重，全国受旱面积6亿亩，成灾面积2.7亿亩，是有统计资料以来的最高值。

近年来的一次重大旱灾发生在2009—2010年。2009年入秋以来，我国云南、贵州、四川等西南地区发生了百年一遇的严重干旱，旱情持续时间之长、受灾面积之大、影响范围之广引起了党中央、国务院的高度重视。

此次旱灾表现出降雨少、来水少、蓄水少、墒情差、饮水困难程度重等特点，出现了作物干枯、河道断流、饮水困难等现象，是水文干旱、气象干旱和农业干旱的集中表现。数据显示，2009年7月1日—2010年1月20日，云南省平均降水量为511.5mm，比多年同期平均偏少207mm，少29%，打破了有气象观测记录以来同期平均降水量的最少记录。受降水减少的影响，主要河流来水减少，部分河流甚至出现断流，使大部分地区的库塘蓄水不足，进而发生严重的农业干旱和水文干旱，造成水资源供需失衡，并最终表现为涉及降水、气温、人口、经济、供水、用水等方面因素的经济社会干旱。

2.2 洪涝灾害

自古以来，洪涝灾害一直是困扰人类社会发展的自然灾害。我国有文字记载的第一页就是劳动人民和洪水斗争的光辉画卷——大禹治水。洪涝依然是对人类影响最大的灾害。中国长江连年洪灾给中下游地区带来极大的损失，严重损害了社会经济的健康发展。如2011年6月中旬，持续性降水造成金华兰溪水位猛涨，江河水泛滥(见图2-2)，形成了洪水灾害。

图 2-2　2011 年 6 月汛期兰溪县城遭遇洪水(金华兰溪市气象局供图)

2.2.1　洪涝灾害的定义

洪涝灾害包括洪水(涝)和雨涝两类。洪水,指因大雨、暴雨或持续降雨使低洼地区受淹、渍水的现象,也包括由于水位上涨或风暴潮而导致泛滥;在北方地区还有冰雪融化、冰凌而引起的江河湖泊水量上涨导致泛滥的现象。雨涝主要因暴雨或长期降水引起排水不畅,造成渍水、受淹,破坏农业生产,危害农作物生长,造成作物减产或绝收,以及其他产业的正常发展。洪水和雨涝灾害的影响是综合的,同样会危及人的生命财产安全,影响国家的长治久安等,由于同属因降水而引发的自然灾害,民政部统一简称为"洪涝灾害"。

2.2.2　暴雨灾害

暴雨是我国主要的自然灾害之一,尤其是长江流域。它不仅影响工农业生产,而且可能危害人民的生命,造成严重的经济损失。我国位于世界上著名的季风区,夏季风爆发和盛行时期,是我国暴雨的季节。暴雨的研究和预报问题一直是我国气象工作者最关心的问题之一。2010 年,浙江省暴雨频繁,平均年降水量达到 1835mm,比常年偏多二成(见图 2-3),比 2009 年增加了 416mm,居 1961 年以来第一位,也是自 2003 年以来降水量持续偏少 7 年后的偏多年。其中台州 2138mm、丽水 2242mm,偏多四成;金华 1949mm、温州 2216mm、衢州 2282mm,偏多三成。

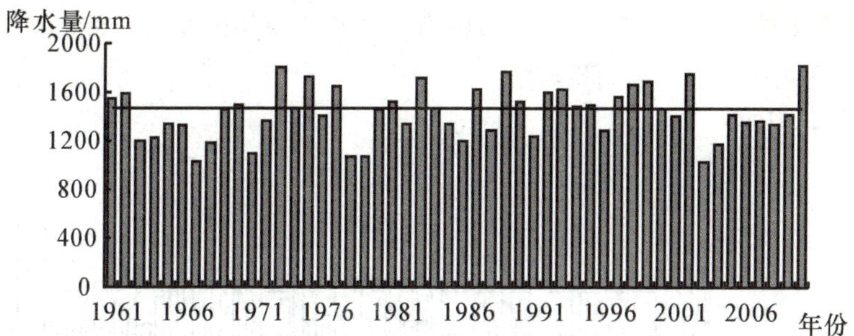

数据来源:浙江省2010年十大天气气候事件

图2-3 浙江省历年年降水量变化

1. 暴雨的定义

暴雨是降水强度很大的雨。我国气象上规定,24小时降水量为50毫米或以上的雨称为“暴雨”,暴雨按降水强度分为三个等级(见表2-3),即24小时降水量为50～99.9mm称“暴雨”;100～200mm以下为“大暴雨”;200mm以上称“特大暴雨”。由于各地降水和地形特点不同,所以各地暴雨洪涝的标准也有所不同。特大暴雨是一种灾害性天气,往往造成洪涝灾害和严重的水土流失,导致工程失事、堤防溃决和农作物受淹等重大的经济损失。特别是对于一些地势低洼、地形闭塞的地区,雨水不能迅速宣泄造成农田积水和土壤水分过度饱和,会造成更多的地质灾害。

表2-3 暴雨的等级

24小时雨量	50～100mm	100～200mm	>200mm
暴雨等级	暴雨	大暴雨	特大暴雨

世界上最大的暴雨出现在南印度洋上一个不太著名的小岛——留尼汪岛上的塞路斯,1952年3月15日—16日,24小时降水量达到1870mm。我国最大暴雨出现在台湾新寮,1967年10月17日,24小时降水量为1672mm,均是热带气旋活动引起的。1961—2010年,我国平均年降水量的变化趋势不明显,暴雨最大年份在1998年,

最少年份在1986年。其中2010年,中国平均年降水量681mm,比常年偏多11.1%,见图2-4。

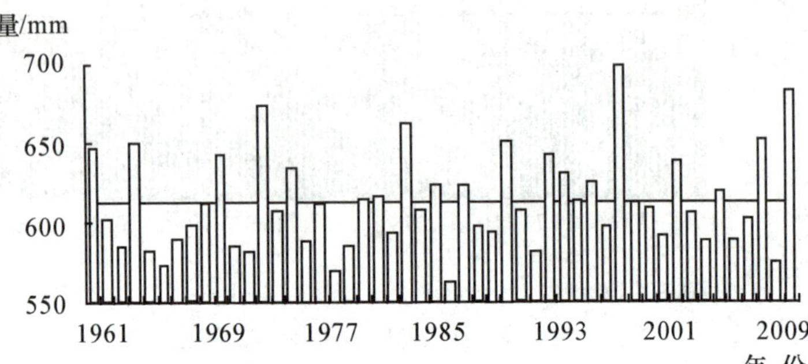

图2-4　1961—2010年我国年总降水量序列(单位:mm)

2. 暴雨形成的基本条件

暴雨形成的过程相当复杂,从宏观物理条件来说,产生暴雨的主要物理条件是充足的、源源不断的水汽输送、强的上升气流和大气层结构不稳定。大、中、小各种尺度的天气系统和下垫面影响,特别是地形的有利组合有利于产生较大的暴雨。引起我国大范围暴雨的天气系统主要有锋面、气旋、低涡、切变线、槽线、台风、东风波和热带辐合带等。此外,在干旱与半干旱的局部地区热力性雷阵雨也可造成短历时、小面积的强暴雨。

3. 中国暴雨的特点

暴雨强度大和持续时间长。如果与相同气候区中的其他国家相比,中国的暴雨强度很大。如表2-4所示。我国暴雨的持续时间从几小时到几天,同时,暴雨的持续性是我国暴雨的另一明显特征。

表 2-4 我国著名的暴雨

降水强度	最大值(mm)	发生时间	发生地点
5 分钟降水	53.1	1971.7.1	山西梅桐沟
1 小时降水	198.5	1975.8.5	河南林庄
8 小时降水	1000	1977.8.1—2	陕北榆林
24 小时降水	1672	1967.10.17	台湾新寮
3 天	1631	1975.8.4—7	河南林庄
7 天	2050	1963.8	河北獐么

暴雨分布主要集中在三个地带:华南、长江流域和华北。此外,也有少数一些暴雨出现在沿岸地区,主要是台风引起。以上三个主要暴雨带之间暴雨出现很少,这种情况与锋区很少在这些地区停滞以及主要环流系统突然的北跳有关。

根据暴雨系统的特征,我国的暴雨可以分为 4 种类型。①台风暴雨或台风残余及由台风转变成的温带气旋引起的暴雨。台风是我国最重要、最强烈的暴雨系统。沿海 15 个省份暴雨的统计表明,其中 12 个省份的最大暴雨是由台风引起。②由低涡或与这些低涡有关的切变线引起。③由高空槽和相应的冷锋引起,当它们移近一阻塞反气旋区域时,暴雨系统常减速,结果造成长期的雨期。④在满足大尺度天气条件背景下的局地对流性暴雨,通常和当地的地形、下垫面条件有关。

4. 暴雨的危害

暴雨来得快、雨势猛,尤其是大范围持续性暴雨和集中的特大暴雨,它不仅影响工农业生产,而且可能危害人民的生命,造成严重的经济损失。暴雨的危害主要有积涝危害和洪涝灾害两种。

由于暴雨急而大,排水不畅易引起积水成涝,土壤孔隙被水充满,造成陆生植物根系缺氧,使根系生理活动受到抑制,加强了嫌气过程,产生有毒物质,使作物受害而减产。

由暴雨引起的洪涝淹没作物,使作物新陈代谢难以正常进行而发生各种伤害,淹水越深、淹没时间越长,危害越严重。特大暴雨引起的山洪暴发、河流泛滥，不仅危害农作物、果树、林业和渔业，而且还冲毁农舍和工农业设施，甚至造成人畜伤亡，经济损失严重。我国历史上的洪涝灾害，几乎都是由暴雨引起的。1954 年 7 月长江流域大洪涝，1963 年 8 月河北的洪水，1975 年 8 月河南大洪涝，1998 年我国长江流域特大洪涝灾害等，都是由暴雨引起的。

5. 暴雨灾害预警及相应防御措施

我们有必要了解抵御暴雨灾害的措施和注意事项，树立“安全第一、预防为主”的思想，克服松懈、麻痹和侥幸思想。中国气象局 2004 年 8 月 16 日发布了《突发气象灾害预警信号发布试行办法》。暴雨预警信号分四级，以蓝、黄、橙和红色表示(见表 2-5)。

表 2-5　暴雨灾害预警信号及防御指南

图标	标准	防御指南
暴雨 蓝 RAIN STORM	12 小时内降雨量将达或已达 50mm 以上，且降雨可能持续。 量定级别：6 小时内降雨量将达 50mm 以上，可能或已经造成影响且降雨可能持续	①政府及相关部门按照职责做好防暴雨准备工作； ②学校、幼儿园采取适当措施，保证学生和幼儿安全； ③驾驶人员应当注意道路积水和交通阻塞，确保安全； ④检查城市、农田、鱼塘排水系统，做好排涝准备
暴雨 黄 RAIN STORM	24 小时内可能受热带风暴影响，平均风力可达 8 级以上，或阵风 9 级以上；或者已经受热带风暴影响，平均风力为 8～9 级，或阵风 9～10 级并可能持续。 量定级别：12 小时内降雨量将达或已达 50mm 以上，可能或已经造成影响且降雨可能持续	①家长、学生、学校要特别关注天气变化，采取防御措施； ②收盖露天晾晒物品，相关单位做好低洼、易受淹地区的排水防涝工作； ③驾驶人员应注意道路积水和交通阻塞，确保安全； ④检查农田、鱼塘排水系统，降低易淹鱼塘水位

续表

图标	标准	防御指南
橙 暴雨 RAIN STORM	3小时降雨量将达或已达50mm以上，且降雨可能持续。 量定级别：3小时内降雨量将达或已达50mm以上，可能或已经造成较大影响且降雨可能持续	①暂停在空旷地方的户外作业，尽可能停留在室内或者安全场所避雨； ②相关应急处置部门和抢险单位加强值班，密切监视灾情，切断低洼地带有危险的室外电源，落实应对措施； ③交通管理部门应对积水地区实行交通引导或管制； ④转移危险地带以及危房居民到安全场所避雨； ⑤家长、学生、学校要特别关注天气变化，采取防御措施； ⑥收盖露天晾晒物品，相关单位做好低洼、易受淹地区的排水防涝工作； ⑦驾驶人员应注意道路积水和交通阻塞，确保安全； ⑧检查农田、鱼塘排水系统，降低易淹鱼塘水位
红 暴雨 RAIN STORM	3小时内降雨量将达或已达100mm以上，且降雨可能持续。 量定级别：3小时内降雨量将达或已达100mm以上，可能或已经造成严重影响且降雨可能持续	①政府及相关部门按照职责做好防暴雨应急和抢险工作； ②停止集会、停课、停业（除特殊行业外）； ③做好山洪、滑坡、泥石流等灾害的防御和抢险工作

6. 预防措施

(1)暴雨来临前的准备。

• 检查房屋，危旧房屋或低洼地势住宅，应及时转移。

• 暂停室外活动，学校可以暂时停课。

• 检查电路、炉火等设施是否安全，关闭电源总开关。

• 暂停田间劳动，户外人员应立即到地势高的地方或山洞暂避。

• 离开地质灾害隐患地区等等。

(2)应急要点。

• 预防居民住房发生小内涝，可因地制宜，在家门口放置挡水板、堆置沙袋或堆砌土坎，危旧房屋或在低洼地势住宅的人员及时转移到安全地方。

• 关闭煤气阀和电源总开关。

• 室外积水漫入室内时，应立即切断电源，防止积水带电伤人。

• 立即停止田间农事活动和户外活动。

• 在户外积水中行走时，要注意观察，贴近建筑物行走，防止跌入窨井、地坑等。

• 注意夜间的暴雨，提防旧房屋倒塌伤人。

• 不要在下大雨时骑自行车。过马路要留心积水深浅。

• 驾驶员遇到路面或立交桥下积水过深时，应尽量绕行，避免强行通过。

• 雨天汽车在低洼处熄火，千万不要在车上等候，下车到高处等待救援。

2.2.3 洪涝灾害的成因与分类

1. 洪涝的成因

洪涝灾害具有双重属性，既有自然属性，又有社会经济属性。它的形成必须具备自然和社会经济两方面条件。

中国是世界上多暴雨的国家之一，降水的年际变化和季节变化差异性大，一般年份雨季集中在七、八月，这是产生洪涝灾害的主要原因。洪水是形成洪水灾害的直接原因。只有当洪水自然变异强度达到一定标准，才可能出现灾害。主要影响因素有地理位置、气候条件和地形地势。

洪水只有发生在有人类活动的地方才能成灾。受洪水威胁最大的地区往往是江河中下游地区，而中下游地区因其水源丰富、土地平坦又常常是经济发达地区。

2. 洪涝的分类

中国幅员辽阔，气候、地形、地貌等特性复杂多样，影响洪涝形成过程的人类经济社会活动情况也不一样，因而形成多种类型的洪水。不同类型的洪水具有各自的特点，从西部的崇山峻岭，到东部的广域平原，可能发生各种类型洪水的地区约占国土面积的70%以上。按照江河洪水的成因条件，我国洪水通常分为暴雨洪水、山洪泥石流、冰凌洪水、融冰融雪洪水、风暴潮洪水和垮坝(堤)洪水等类型，各种类型的洪水都可能造成洪涝灾害，但暴雨洪水发生最为频繁、量级最大、影响范围最广。

(1)暴雨洪水型。我国的灾害性洪水主要由暴雨形成。洪水多发生在夏秋季节，发生的时间自南往北逐渐推迟。暴雨洪水为降落到地面上的暴雨，经过产流和汇流在河道中形成的洪水。我国绝大多数河流的洪水都是由暴雨产生的，特别是历年最大洪水。淮河以南的南方河流洪水都是由暴雨形成的；西北干旱半干旱地区河流的最大洪峰主要由暴雨或暴雨与融雪混合形成，即使高寒地区河流有些年份最大洪水可能由融雪形成，但小流域的最大洪水仍为暴雨洪水，但历年最大洪水一般仍由暴雨形成。

(2)山洪泥石流型。山洪泥石流是指含有大量泥沙、黏土、砾石、岩石等固体物质与雨水、地表水、地下水混合后，使沟谷地带产生移动或流动，并向沟谷坡下缓慢滑动或位移的洪流。与其他洪灾相比，泥石流爆发时，来势异常凶猛，造成的水土流失历时较短，具有强大的破坏力，对山区工农业生产、水利、交通、通信等设施的危害更为严重，对人口密集的城镇和工矿区造成的危害更大。山洪泥石流的发生除与地形和地质条件有关外，暴雨是诱发的重要因素。凡是山高坡陡，沟壑纵横，植被较差、土层薄，没有高大森林，也没有灌木丛林的山地，当遇有暴雨或大暴雨时，最容易发生泥石流。

2010年8月7日20—24时，甘肃省甘南地区出现局地短时强降水，引发舟曲县发生特大山洪泥石流灾害，造成1700多人死亡(含失踪)，如图 2-5 所示。

图 2-5　舟曲特大山洪泥石流灾害

(3)风暴潮型。风暴潮是由气压、大风等气象因素急剧变化造成的沿海海面或河口水位的异常升降现象，由热带气旋或温带气旋及寒潮大风引起，常使潮位大范围增高并伴随强浪，造成人员伤亡及财产的损失，当风暴增水适逢天文大潮时危害更为严重。我国风暴潮主要是热带气旋带来的。由于热带风暴的影响，常引起风暴潮，使潮位陡升，伴随大暴雨，造成水灾。

洪涝灾害期间，食品污染的途径和来源非常广泛，对食品生产经营的各个环节产生严重影响，常可导致较大范围的食物中毒事件和食源性疾病的暴发。

2.2.4　水库、堤防险情等级划分

水库、堤防险情可划分为以下三类。

(1)一类险情。暴雨洪水引起水位迅速上涨，水库大坝、溢洪道、输水隧洞等枢纽部位出现可能引起水库大坝出现溃坝(垮坝)、堤防溃堤，将会造成水库下游或洪泛区 500 人以上受灾；或直接威胁到 200 人以上群众生命财产安全的险情。

(2)二类险情。暴雨洪水引起水位迅速上涨，水库大坝、溢洪道、输水隧洞等枢纽部位出现可能引起水库大坝出现溃坝(垮坝)、堤防溃堤，将会造成水库下游或洪泛区 300 人以上受灾；或直接威胁到

100人以上群众生命财产安全的险情。

(3)三类险情。暴雨洪水引起水位迅速上涨，水库大坝、溢洪道、输水隧洞等枢纽部位出现可能引起水库大坝出现溃坝(垮坝)、堤防溃堤，将会造成水库下游或洪泛区500人以上受灾；或直接威胁到50人以上群众生命财产安全的险情。

2.2.5 我国重大的洪涝灾害

1949年以来，我国洪涝受灾面积年均1.34亿亩，成灾面积0.76亿亩，直接经济损失上百亿元。1950—1994年，受灾面积超过1亿亩的有27年；成灾面积超过1亿亩的有9年。

1998年，长江流域发生了继1954年以来的又一次流域性大洪水，多处水文站出现了超历史记录的洪水位记录。洪水受灾范围遍及四川、重庆、云南、贵州、湖南、湖北、江西、安徽、江苏等省市，除云南、贵州省外的7省市受灾县市达588个、乡镇10771个。就各省而言，受灾范围之广也属少见。四川省21个市、地、州都不同程度的遭受山洪和山地灾害，长江中下游5省不仅平原河湖地区大范围受灾，山丘区也遭受严重山洪和山地灾害。因持续不断的暴雨洪水和长时间的高洪水位，造成溃坝、内涝和山洪等多种灾害。

1997年冬季到1998年春季，长江中下游地区的气候反常，江南频繁出现大雨或暴雨，出现了枯季不枯的异常情况。由于长江流域冬春季降水偏多，湘江、赣江、闽江和广东北江干流3月发生洪水，汉口水文站3月16日水位达到21.33m，为有记录以来同期最高，这几条江河的春汛比常年提前1个月。

6月梅雨季节之后，7月下旬长江流域又迎来了历史上少见的高强度“二度梅”，水位长期居高不下；8月份，长江上游的强降雨进一步加剧了长江中下游地区的洪涝灾害。中国大地经历了一场不寻常的洪水考验。从雨情特点分析，1998年夏季长江流域降水量超过500mm，其中，鄱阳湖、赣江降水量在1000mm以上。沿长江流域的16个气象观测站平均的逐日降水量主要集中在6月12—27日、7月

21—31 日，出现了历史上比较少见的两次梅雨活跃期。通常 6 月过后，我国主雨带会往长江以北的地区移动，长江流域进入高温伏旱天气；然而 1998 年，6 月梅雨过后，雨带并没有向北移动，7 月下旬梅雨又再度重来，形成了历史上罕见的高强度的“二度梅”，长江水位迅速上涨。8 月长江上游的四川、重庆等地降水频繁，降水量较常年同期偏多 50%～100%，局部地区偏多 200%。持续的强降水使得长江干、支流和沿江湖泊水位猛涨，引发了自 1954 年以来长江又一次全流域的特大洪水。

1998 年夏季长江流域强降水大致可分为 4 个时段。第一阶段是 6 月 12—27 日，强降水主要集中在江南。在此期间，湖南、江西、安徽、浙江、福建等地出现连续性暴雨或大暴雨天气过程，特别是江南北部地区暴雨日数多、雨量大、持续时间长，降水总量一般都有 300～500mm，其中江西东北部、浙江西南部、福建西北部以及湖南局部的降水量在 500mm 以上，临川—鹰潭—上饶一带地区达 800～1000mm(图 2-6)，较常年同期偏多 1～3 倍。

图 2-6　1998 年长江流域第一阶段降水量分布图

第二阶段是 6 月 27 日—7 月 21 日，强降水北抬到淮河流域、汉水及长江上游。由于副高加强西伸、北抬，前期位于江南北部的强雨带也随之向西和向北移动。这期间，汉水中上游、重庆、四川盆地以及川江的沿江地区相继出现大到暴雨，部分地区大暴雨，总降水量普遍有 150～300mm，四川盆地、川东、重庆和湖北部分地区的雨量超过 300mm，较常年同期偏多 5 成至 1 倍。这时段内，长江干流接连出现了3次洪峰，上游的洪水下泄，使长江中下游持续保持高水位。

第三阶段是7月21—31日，长江中下游再次出现持续性强降水。由于副高突然减弱南退，7月21日开始，长江中下游地区再度出现大范围的暴雨到大暴雨天气过程。这次过程不仅降水强度大，而且更具突发性，例如湖北武汉7月21日6—7点的一小时雨量达88.4mm、21日的24小时降水量285.7mm、21—22日的48小时降水量457.4mm；黄石7月22日的24小时降水量360.4mm，接近或超过历史最高纪录，实属罕见。从整个流域来看，强雨带的位置与6月份江南北部的暴雨带位置基本一致，但降水中心主要在长江中游地区。鄂南、湘北、赣北、皖南等地的过程降水量普遍有200～300mm（图2-7），较常年同期偏多2～5倍，其中鄂西南、鄂东南、湘北、赣北的部分地区的雨量有300～500mm，局部地区700mm以上，较常年同期偏多5～10倍。这次强降水过程致使长江中下游干流水位暴涨，宜昌以下全线超警戒水位或超历史最高水位。

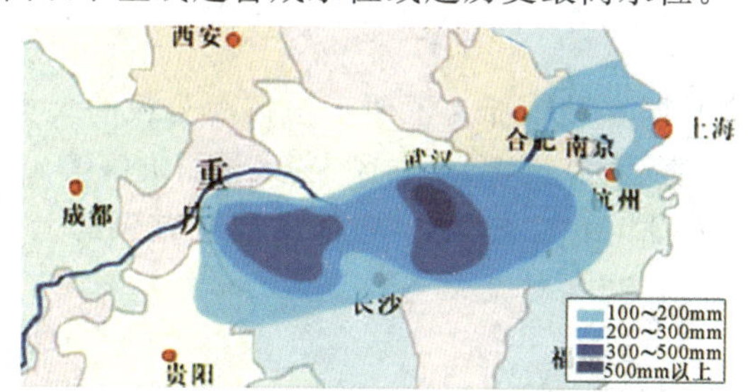

图2-7　1998年长江流域第三阶段降水量分布图

第四阶段是8月1—27日，降水带主要位于长江上游及其支流和汉水上游。8月1日起，副高又增强北抬，长江中下游地区再次受副高控制，降水明显减弱，但四川、重庆、湖北西南部、湖南西北部则多次出现大范围的大到暴雨或大暴雨。降水主要在长江上游干流、岷江、沱江、嘉陵江、汉水中上游等地，8月1—27日，四川盆地东部、陕南、鄂西和鄂北降水量有200～300mm，局地达400mm以上（图2-8），较常年同期偏多1～2倍。频繁的强降水使长江上游接连出现了5次洪峰，洪水下泄，致使长江中下游干流水位持续居高不下，造成中游大部分江段超警戒水位近2个月，超历史最高水位长达1个多月之久。

图2-8　1998年长江流域第四阶段降水量分布图

2.3　风雹灾害

风雹灾害是国家民政部为了便于报灾而分成的大类项，包括雷电灾害、冰雹灾害、大风灾害、龙卷风灾害、暴雨灾害等。这些自然灾害归属于气象灾害，在气象学中，均都出现在有强的上升气流环境下，即气象学称谓的“强对流天气”。

2.3.1　强对流天气

强对流天气常以短时强降水、雷电、大风、龙卷风、冰雹和飑线等形式出现，它发生在对流云系或单体对流云块中，发生突然，移动迅速，天气剧烈，破坏力极大的灾害性天气，在气象上属于中小尺度天气系统，影响范围小，水平尺度一般几千米至上千千米；生命史短暂并带有明显的突发性，常约为一小时至十几小时，较短的仅有几分钟至一小时。强对流天气来临时，经常伴随着电闪雷鸣、风大雨急等恶劣天气，致使房屋倒毁，庄稼树木受到摧残，电信交通受损，甚至造成人员伤亡等。世界上把它列为仅次于热带气旋、地震、洪涝之后第四位具有杀伤性的灾害性天气。例如，2009 年 11 月 9 日下午起，浙江省全省自北而南出现大范围暴雨和雷雨大风天气，多个地区出现冰雹，大部分地区出现 6～8 级大风，局部 9～12 级。雷雨大风天气覆盖范围广，短时降水强度强，风力普遍较大，杭州等地出现白昼如夜奇观(见图 2-9)，在秋冬季节实属罕见，对浙江省交通、农业、建筑等方面都造成了一定影响，并造成 2 人死亡。

图 2-9 杭州白昼如夜

2.3.2 强对流天气分类

1. 飑线

飑是指地面上的风力达到每秒 17 米以上。飑经过时，往往会突然发生风向突变，风力突增的强风现象。飑线是指有许多雷暴单体等侧向排列而形成的强对流云带，地面风向和风力发生剧烈变动的天气变化带，沿飑线可出现雷暴、暴雨、大风、冰雹和龙卷等剧烈的天气现象。飑线宽度可约几十千米，长度一般几百千米，维持时间由几小时至十几小时，属于中尺度天气系统。

飑线是受起伏地形和热力分布不均而产生的动力作用和热力作用的综合结果。它的形成和发展除与天气形势有密切关系外，地方性条件也起着极其重要的作用。它常出现在雷雨云到来之前或冷锋之前，春、夏季节的积雨云里最易发生。潮湿不稳定气层能助长飑线的强烈发展。当它即将出现时，天气闷热，风向很乱或多偏南风。当强冷空气入侵时，地面冷锋前部的暖气团中，或低压槽附近，大气存在不稳定层结，此时最易形成飑线天气。飑线多发生在午后至傍晚，强烈的时候并且在有利的大尺度背景下，可以连续发生。飑线过后的灾害如图 2-10 所示。

图 2-10　飑线经过后造成的灾害

2. 龙卷风

龙卷风是一种强烈的、小范围的空气涡旋，是由雷暴云底伸展至地面的漏斗状云(龙卷)产生的强烈旋风，其风力可达 12 级以上，速度最大可达 100 米/秒以上，龙卷风一般伴有雷雨，有时也伴有冰雹。它是大气中最强烈的涡旋现象，影响范围虽小，但破坏力极大。它往往使成片庄稼、成万株果木瞬间被毁，令交通中断、房屋倒塌、人畜生命遭受损失。龙卷风分为陆龙卷和海龙卷，出现在陆地上的龙卷称为陆龙卷，出现在海面上的龙卷称为海龙卷。它旋转力很强，常把地表面上的水、尘土、泥沙等卷挟而上，从四面八方聚拢成管状，有如“龙从天降”，因而得名“龙卷”。陆龙卷外围多为泥沙，海龙卷外围多为海水。

龙卷风的水平范围很小，直径从几米到几百米，平均 250 米左右，最大 1 千米左右。在空中直径可有几千米，最大有 10 千米。极大风速每小时可达 150 千米至 450 千米。龙卷风持续时间一般仅几分钟，最长不过几十分钟，但造成的灾害是很严重的。

龙卷风是在极不稳定天气下由空气强烈对流运动而产生的，其形成和发展同飑线系统等没有本质差别，但龙卷风更严重。它的形成和发展必须有大量的能量供应，因而需要有强烈对流不稳定能量的存在。它与热带气旋性质相似，只不过尺度比热带气旋小很多。在形成和发展时，由于空气对流，龙卷中心的气压变得很低，在气压梯度力的作用下，四周气压较高的空气就向龙卷中心流动，当它未流到中心时就围绕着中心旋转起来，从而形成空气的旋涡。所以，龙卷风这类强烈天气现象，都发生在气象称为一种强烈的对流云系“积雨云”之中，这种云系有强烈的上升气流，通常云的底部会有滚轴云状和最典型的、类似于大象鼻状的“漏斗云”，这是龙卷风来临前一般所具有的征兆。

3. 冰雹

冰雹是从雷雨云中降落的坚硬的球状、锥状或形状不规则的固体降水。常见的冰雹大小如豆粒，一般冰雹直径 2 厘米左右，大的有像鸡蛋(直径约 10 厘米)，较大的可达 30 多厘米。冰雹是由于冰晶或雨滴在对流的积雨云中几上几下翻滚凝聚而降落的固体降水。

冰雹一般多出现在春夏之交。要产生 10 厘米的大雹，必须要有 50 米/秒以上的上升气流运动(一般产生雷雨的积雨云上升运动仅 10 米/秒左右)。这样强的上升运动，完全靠大气不稳定的能量释放而获得。所以降雹的一个必要条件是空气中存在极不稳定的大气层，不稳定层越厚，越是利于降雹。降雹形成的灾害虽然是局部和短时的，但后果是严重的。

在积雨云内，0℃层以下的云层由水滴组成，0℃层以上的云层由过冷却水滴组成，再高一些的云层则由过冷却水滴与雪花和冰晶等混合组成。如果积雨云中上升气流时强时弱，当上升的冷却水滴与上空的冰晶或雪花相碰，过冷水滴就冻成冰雹的核心。冰雹形成后，或因上升气流减弱，或因其重量较大而下降，当它降到 0℃层以下后，又有一部分水滴粘于其上，这时若上升气流增强，它又被带到 0℃层以上的低温区，雹核表面的水又被冻成冰，当上升气流再也托不住时，它便落到地面，成为冰雹。降雹会砸坏农作物、果园、房屋和其他设施、设备，致人畜伤亡。

2010 年 5 月 2 日下午，受强对流天气影响，宁波地区鄞州、奉化、宁海局部地区出现冰雹，有两百多辆行驶在甬台温高速、甬金高速等路段的汽车不同程度受损，车身被砸出很多凹坑，挡风玻璃、天窗被砸破(图 2-11)；部分地区农业大棚及作物被冰雹砸坏，尤其是奉化江口、尚田、莼湖以及宁海部分区域。

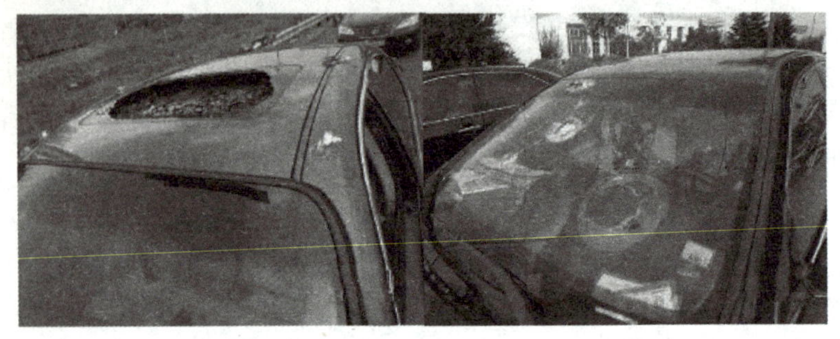

图 2-11　甬台温高速奉化段被砸汽车

2009 年 6 月 5 日，嘉兴自西北向东南，先后出现雷雨大风和冰雹等强对流天气，重灾区冰雹直径普遍在 4～5 厘米，最大达 7 厘米，降雹时间长达 20～40 分钟，积雹厚度有几厘米厚，是嘉兴地区几十年来罕见。水果、蔬菜等遭冰雹袭击损失惨重，短短 1 个小时，嘉兴市直接经济损失超过 1.3 亿元(图 2-12)。

图 2-12　嘉兴遭冰雹袭击

4. 雷雨大风

雷雨大风指在出现雷、电、雨天气现象时，风力达到或超过 8 级(≥17.2 米/秒)的天气现象。风力一般小于飑线和龙卷风，但它的发生不仅有大风，而且伴随有电闪雷鸣和暴雨等现象，个别的雷鸣巨响使人感觉到有如地震一般。当雷雨大风发生时，乌云滚滚，电闪雷鸣，狂风夹伴强降水，有时伴有冰雹，风速极大。雷雨大风可导致人、畜伤亡、房屋倒塌和大片农作物被毁等。此外，雷电对航空活动造成的危害尤其严重。雷电也可能引发森林大灾和山火。它涉及的范围一般只有几千米至几十千米。

雷雨大风常出现在强烈冷锋前面的雷暴高压中。雷暴高压是存在于雷暴区附近地面气压场的一个很小的局部高压，雷暴高压中心温度比四周低，下沉气流极为明显，雷暴高压前部为暖区，暖区有上升气流，就在这个下沉气流与上升气流之间，存在一条狭窄的风向切变带，其为雷雨大风发生处，它过境时带来极强烈的暴风雨。如果雷雨大风发生在单一气团内部，那么它常常是由于局地受热不均引起。雷雨大风的生命史极短。例如，2010 年 7 月 22 日，受到雷雨云团影响，杭州市区出现 7～9 级雷雨大风。根据杭州市气象局中尺度自动气象站网监测，风速最大值在双浦镇珊瑚沙站，为 23.8 米/秒，达到 9 级风标准；城北拱宸桥、西湖名胜区葛岭均达到 20 米/秒(8 级风标准)；城北、城东大部地区为 15.1 米/秒(7 级风)。根据杭州网报道，16 时 30 分许，造成拱墅区小河地区热水瓶厂 H 地块在建工地围墙发生倒塌，造成行人一死五伤；同时西湖水面上短时风大浪大，停靠在断桥附近 13 艘手划船等倾覆湖水中，由于预警及时，所幸无人伤亡，如图 2-13 所示。

图 2-13 杭州某建工地围墙倒塌(左),西湖水面 13 条船被吹翻(右)

5. 雷暴

强对流天气往往又会带来雷暴,当大气中的层结处于不稳定时容易产生强烈的对流,云与云、云与地面之间电位差达到一定程度后就要放电,有时雷声隆隆、耀眼的闪电划破天空,常伴有大风、阵性降雨或冰雹,因此雷暴天气总是与发展强盛的积雨云联系在一起。由于雷暴的发生发展与积雨云联系在一起,从雷暴云的出现到消失,它有很强的局地性和突发性,水平范围只有几千米或十几千米,在时间尺度上也仅有 2～3 小时,因此,这种中小尺度天气系统在预报上有一定的难度。

强雷暴是一种灾害性天气,雷电会引起雷击火险,大风刮倒房屋,拔起大树,果木蔬菜等农作物遭冰雹袭击后损失严重,甚至颗粒无收,有时局地暴雨还会引起山洪暴发、泥石流等地质灾害。

据浙江省气象局 2009 年和 2010 年雷电统计,全年雷电呈现起始时间早、次数多和过程集中的特点。雷电初日比常年偏早约半个月,2010 年 3 月 5 日达 22842 次,为近四年最多;终日偏迟近一月。雷电主要集中在 6、7、8 三个月,占全年的 88.5%。浙江省年均出现雷电地闪 40 亿次以上,最多的杭州、丽水、宁波等市超过 5 万次。根据雷灾上报情况统计,浙江省共发生雷电灾害事故 793 起,2010 年为 2217 起,其中人员伤亡事故 23～32 起,死亡 11 人,每年均有人员伤亡(图 2-14)。雷电还能对交通造成重大影响,例如 2011 年 7 月京沪高铁开通后,就连续 2 次因雷雨造成的雷击事件导致列车停留长达数小时，以至造成大量旅客滞留。从气象学角度上说，雷电都是产生于对流性较强的对流云内。

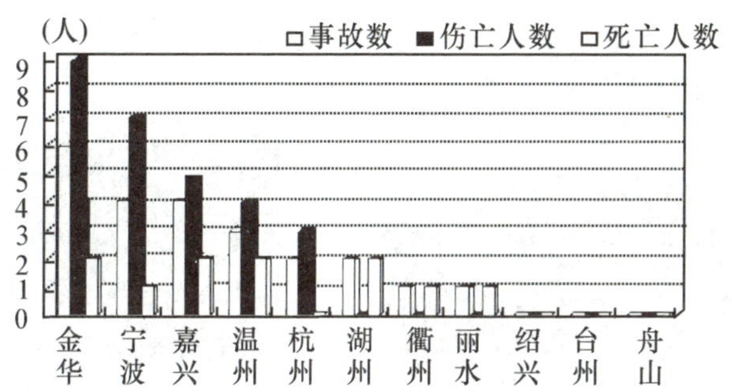

数据来源：浙江省 2009 年十大天气候事件

图 2-14 2009 年浙江省雷灾人员伤亡事故统计

2010 年 2 月 10 日凌晨，宁波市出现强对流天气，初雷出现时间比常年早近 1 个月。鄞州首南街道前周村一村民家屋顶被打出一个洞，许多村民家用电器受损。姜山镇董家跳村的路灯灯泡都被雷电炸飞，50 多台电视机受损，其中一村民家屋顶一角被击穿，玻璃窗、吊灯、壁灯、日光灯被击碎，电视机、热水器等家用电器被击坏。朝阳上何村一塑料泡沫回收厂遭雷击起火，250 平方米棚房被烧毁，4 吨泡沫毁于一旦。6 月 30 日下午，余姚阳明街道丰乐村一农民在西瓜地遭雷击身亡。7 月 12 日晚，一道闪电点燃了鄞州姜山 9 间厂房，直接经济损失达 170 万元。8 月 16 日，余姚三七市镇石步村 5 名外来务工人员在树下躲雨时遭雷击，2 人当场死亡，3 人重伤。9 月 22 日，一村民在余姚低塘街道小胡官桥头捕黄鳝时，不幸遭雷击身亡。

嘉兴市 2008 年春夏季雷击事件频发，局地强雷电多、灾害重。年度雷击造成人员伤亡事件 10 起以上，电力、通信设备、家用电器、民房、寺庙等设施遭雷击损坏或者起火焚烧，企业停电停产造成直接和间接经济损失数千万元(图 2-15)。

浙江省山区较多，雷电现象也比较多。2010 年丽水全市地闪总次数达 6.6855 万次，位居全省第一。据不完全统计，2010 年丽水市共发生雷电灾害近千起，2 人遭雷击当场死亡，1 人受伤。其中雷击引起房屋火灾 35 起、森林火灾 3 起、建筑物受损 6 起、办公电子电器受损 48 起。丽水市因雷击引起的直接经济损失约 500 万元，间接经济损失超过 800 万元。

图 2-15　雷击后被烧毁的海宁盐官桧林寺

图 2-16　青田县北山镇吴山坑村雷击火灾现场

2.3.3　强对流天气特点

强对流天气是以大尺度天气系统为背景下产生的。大尺度天气系统影响或决定着中小尺度天气系统的生成、发展和移动过程，中小尺度天气系统又对大尺度天气系统有反馈作用。主要表现以下几个方面。

(1)发生季节跨度长。强对流天气一般在春夏交换季节开始发生，秋季后逐渐减少。随着全球气候变化的影响，降雹的季节也与往常出现差异，如 2009 年宁波市先后打破了最早和最晚出现冰雹天气的记录，最早出现在 2 月 24 日，最晚出现在 11 月 9 日。浙江全省多数地区也出现了最晚冰雹。2010 年 2 月 9 日，受西南暖湿气流增强影响，发生强对流天气，嘉兴、杭州等部分地市初闻雷声阵阵，比常年平均偏早 1 个多月。

(2)强度大、破坏性强。强对流天气具有垂直方向速度大、突发性强、破坏力大的特点，如出现强对流天气时，一些过程的瞬时风速达 12 级或以上，甚至超过 100 米/秒。

(3)水平尺度小,生命史短。一般水平尺度小于200千米,有的仅几千米。生命史短,一般仅几小时至几十小时。对流天气易于在某些特定的地区形成和发展,如山脉两侧、海陆边界、湖泊周围、沼泽地带等。因此,各类强对流天气形成的物理过程是不完全相同的,这与下垫面的动力和热力作用的影响有很大的关系。

强对流天气的破坏力很强,会产生严重的灾害。若以风速估计该类天气的能量,则一个强对流风暴的平均能量可达108千瓦时,大约相当于10多个原子弹爆炸时具有的能量。国际上把它列为仅次于热带气旋、地震、洪涝之后的第四位具有杀伤性的灾害性天气。

由于各类强对流天气有各自的发生季节和发生特点,农业生产为户外作业,又是根据季节来安排的,所以强对流天气对农业生产中的各类作物的危害不尽相同。洪涝、风、雹是强对流天气灾害中影响农业生产的主要几种危害。强对流天气对农业生产的直接危害是外力摧毁庄稼,间接危害是由内涝诱发和传播病虫害致庄稼减产甚至绝收。

随着人民生活水平的提高,经济建设的发展,因强对流天气的发生而造成的损失也就更加严重。强对流天气灾害与强对流天气的类型、其影响的范围和持续时间是密切相关的。

2.3.4 强对流天气的预警信号及相应的防御指南

1. 冰雹预警信号

冰雹预警信号分两级,以橙和红色表示(表2-6)。

表 2-6　冰雹预警信号及防御指南

图标	标准	防御指南
	6 小时内可能出现冰雹伴随雷电天气，并可能造成雹灾	①注意天气变化，做好防雹和防雷电准备； ②妥善安置易受冰雹影响的室外物品、小汽车等； ③老人、小孩不要外出，留在家中； ④将家禽、牲畜等赶到带有顶篷的安全场所； ⑤不要进入孤立的棚屋、岗亭等建筑物或大树底下，出现雷电时应当关闭手机； ⑥做好人工消雹的作业准备并伺机进行人工消雹作业
	2 小时内出现冰雹可能性极大，并可能造成重雹灾	①户外行人立即到安全的地方暂避； ②相关应急处置部门和抢险单位随时准备启动抢险应急方案； ③注意天气变化，做好防雹和防雷电准备； ④妥善安置易受冰雹影响的室外物品、小汽车等； ⑤老人、小孩不要外出，留在家中； ⑥将家禽、牲畜等赶到带有顶篷的安全场所； ⑦不要进入孤立的棚屋、岗亭等建筑物或大树底下，出现雷电时应当关闭手机； ⑧做好人工消雹的作业准备并伺机进行人工消雹作业

2. 雷电预警信号

雷电预警信号分三级，以黄、橙和红色表示(表 2-7)。

表 2-7　雷电预警信号及防御指南

图标	标准	防御指南
雷电 黄 LIGHTNING	6 小时内可能发生雷电活动，可能会造成雷电灾害事故	①政府及相关部门按照职责做好防雷工作； ②密切关注天气，尽量避免户外活动
雷电 橙 LIGHTNING	2 小时内发生雷电活动的可能性很大，或者已经受雷电活动影响，且可能持续，出现雷电灾害事故的可能性比较大	①政府及相关部门按照职责落实防雷应急措施； ②人员应当留在室内，并关好门窗； ③户外人员应当躲入有防雷设施的建筑物或者汽车内； ④切断危险电源，不要在树下、电杆下、塔吊下避雨； ⑤在空旷场地不要打伞，不要把农具、羽毛球拍、高尔夫球杆等扛在肩上
雷电 红 LIGHTNING	2 小时内发生雷电活动的可能性非常大，或者已经有强烈的雷电活动发生，且可能持续，出现雷电灾害事故的可能性非常大	①政府及相关部门按照职责做好防雷应急抢险工作； ②人员应当尽量躲入有防雷设施的建筑物或者汽车内，并关好门窗； ③切勿接触天线、水管、铁丝网、金属门窗、建筑物外墙，远离电线等带电设备和其他类似金属装置； ④尽量不要使用无防雷装置或者防雷装置不完备的电视、电话等电器； ⑤密切注意雷电预警信息的发布

3. 大风预警信号

大风（除台风外）预警信号分四级，以蓝、黄、橙和红色表示（表 2-8）。

表 2-8　大风预警信号及防御指南

图标	标准	防御指南
	24 小时内可能受大风影响，平均风力可达 6 级以上，或者阵风 7 级以上；或者已经受大风影响，平均风力为 6～7 级，或者阵风 7～8 级并可能持续	①政府及相关部门按照职责做好防大风工作； ②关好门窗，加固围板、棚架、广告牌等易被风吹动的搭建物，妥善安置易受大风影响的室外物品，遮盖建筑物资； ③相关水域水上作业和过往船舶采取积极的应对措施，如回港避风或者绕道航行等； ④行人注意尽量少骑自行车，刮风时不要在广告牌、临时搭建物等下面逗留； ⑤有关部门和单位注意森林、草原等防火
	12 小时内可能受大风影响，平均风力可达 8 级以上，或者阵风 9 级以上；或者已经受大风影响，平均风力为 8～9 级，或者阵风 9～10 级并可能持续	①政府及相关部门按照职责做好防大风工作； ②停止露天活动和高空等户外危险作业，危险地带人员和危房居民尽量转到避风场所避风； ③相关水域水上作业和过往船舶采取积极的应对措施，加固港口设施，防止船舶走锚、搁浅和碰撞； ④切断户外危险电源，妥善安置易受大风影响的室外物品，遮盖建筑物资； ⑤机场、高速公路等单位应当采取保障交通安全的措施，有关部门和单位注意森林、草原等防火

续表

图标	标准	防御指南
大风 橙 GALE	6小时内可能受大风影响，平均风力可达10级以上，或阵风11级以上；或者已经受大风影响，平均风力为10～11级，或阵风11～12级并可能持续	①政府及相关部门按照职责做好防大风应急工作； ②房屋抗风能力较弱的中小学校和单位应当停课、停业，人员减少外出； ③相关水域水上作业和过往船舶应当回港避风，加固港口设施，防止船舶走锚、搁浅和碰撞； ④切断危险电源，妥善安置易受大风影响的室外物品，遮盖建筑物资； ⑤机场、铁路、高速公路、水上交通等单位应当采取保障交通安全的措施，有关部门和单位注意森林、草原等防火
大风 红 GALE	6小时内可能受大风影响，平均风力可达12级以上，或者阵风13级以上；或者已经受大风影响，平均风力为12级以上，或者阵风13级以上并可能持续	①政府及相关部门按照职责做好防台风应急和抢险工作； ②停止集会、停课、停业(除特殊行业外)； ③回港避风的船舶要视情况采取积极措施，妥善安排人员留守或者转移到安全地带； ④加固或者拆除易被风吹动的搭建物，人员应当待在防风安全的地方，当台风中心经过时风力会减小或者静止一段时间，切记强风将会突然吹袭，应当继续留在安全处避风，危房人员及时转移； ⑤相关地区应当注意防范强降水可能引发的山洪、地质灾害

4. 雷电大风预警信号

雷雨大风预警信号分四级，以蓝、黄、橙和红色表示(表2-9)。

表 2-9 雷电大风预警信号及防御指南

图标	标准	防御指南
蓝 BLUE	6 小时内可能受雷雨大风影响，平均风力可达到 6 级以上，或阵风 7 级以上并伴有雷电；或者已经受雷雨大风影响，平均风力已达到 6～7 级，或阵风 7～8 级并伴有雷电，且可能持续	①做好防风、防雷电准备； ②注意有关媒体报道的雷雨大风最新消息和有关防风通知，学生停留在安全地方； ③把门窗、围板、棚架、临时搭建物等易被风吹动的搭建物固紧，人员应当尽快离开临时搭建物，妥善安置易受雷雨大风影响的室外物品
黄 YELLOW	6 小时内可能受雷雨大风影响，平均风力可达 8 级以上，或阵风 9 级以上并伴有强雷电；或者已经受雷雨大风影响，平均风力达 8～9 级，或阵风 9～10 级并伴有强雷电，且可能持续	①妥善保管易受雷击的贵重电器设备，断电后放到安全的地方； ②危险地带和危房居民，以及船舶应到避风场所避风，千万不要在树下、电杆下、塔吊下避雨，出现雷电时应当关闭手机； ③切断霓虹灯招牌及危险的室外电源； ④停止露天集体活动，立即疏散人员； ⑤高空、水上等户外作业人员停止作业，危险地带人员撤离； 其他同雷雨大风蓝色预警信号

续表

图标	标准	防御指南
ORANGE 橙	2小时内可能受雷雨大风影响,平均风力可达10级以上,或阵风11级以上,并伴有强雷电;或者已经受雷雨大风影响,平均风力为10～11级,或阵风11～12级并伴有强雷电,且可能持续	①人员切勿外出,确保留在最安全的地方; ②相关应急处置部门和抢险单位随时准备启动抢险应急方案; ③加固港口设施,防止船只走锚和碰撞; 其他同雷雨大风黄色预警信号
大风 红 GALE	2小时内可能受雷雨大风影响,平均风力可达12级以上并伴有强雷电;或者已经受雷雨大风影响,平均风力为12以上并伴有强雷电,且可能持续	①进入特别紧急防风状态; ②相关应急处置部门和抢险单位随时准备启动抢险应急方案; 其他同雷雨大风橙色预警信号

2.3.5 沙尘暴

沙尘暴是一种分布广泛、影响范围大、频次较高的自然灾害。沙尘暴产生的强风能摧毁建筑、树木等,造成人员伤亡,刮走农田表层沃土,使农作物根系外露,低能见度可造成机场关闭及引发各种交通事故。

1. 沙尘暴的定义

沙尘暴是因强风气流对地表的冲击作用,使沙土粒脱离地表,进入气流被搬运、堆积的风力侵蚀过程;是荒漠化过程的典型表现形式,是一种风吹沙走,使得天空能见度急剧降低的灾害性天气现象。是因指强风把地面大量沙尘物质吹起并卷入空中,使空气特别混浊,造成水平能见度小于1000米的严重风沙天气现象。沙暴指大风把大量沙粒吹入近地层所形成的挟沙风暴;尘暴是大风把大量尘埃及其他细粒物质卷入高空所形成的风暴;沙尘暴是沙暴和尘暴两者兼有的总称。

2. 沙尘暴天气的成因

有利于产生大风或强风的天气形势，有利的沙、尘源分布和有利的空气不稳定条件是沙尘暴或强沙尘暴形成的主要原因。强风是沙尘暴产生的动力，沙、尘源是沙尘暴物质基础，不稳定的热力条件利于风力加大、强对流发展，从而夹带更多的沙尘，并卷扬得更高。除此之外，前期干旱少雨、天气变暖、气温回升，是沙尘暴形成的特殊的天气气候背景；地面冷锋前对流单体发展成云团或飑线是有利于沙尘暴发展并加强的中小尺度系统；有利于风速加大的地形条件即狭管作用。除自然环境因素引起沙尘暴外，人类无节制地破坏和掠夺式经营自然资源，尤其是人口增多、垦荒樵薪面积的增大，也是沙尘暴起源成灾的主要因素之一。图 2-17 为戈壁滩上的沙尘暴景象。

图 2-17　戈壁滩上的沙尘暴

3. 我国沙尘天气时空分布

沙尘暴天气多发生在内陆沙漠地区，据统计，我国沙漠总面积达 130.8 万平方千米，约占全国土地总面积的 13.6%，包括不同程度的荒漠化土地，我国西北地区年降水量多在 150mm 以下，植被稀少，沙尘物质众多，风蚀强烈，且春季多大风，因此这里成为亚洲沙尘暴多发区之一。许多沙质草原，特别是农垦和农牧交错区，以及干松的农田都可能发生沙尘暴。我国沙尘暴日数大于10日的区域大致在北纬35°以北，东经100°以西，其中有3个相对大的中心：河套地区(20次)，金昌、武威地区(40次)，塔里木盆地(35次)。沙尘暴扬起的浮尘随着高空气流可越过长江、珠江，飘移到南海，或向东越过东海、黄海上空影响朝鲜、日本。

我国北部各月都可能发生沙尘暴，其中春季为最多，西北、华北、东北各地的沙尘暴以4、5月份最多。最严重的沙尘暴，如西北地区的黑风暴，多集中在4月下旬至5月上旬。有统计资料表明：我国沙漠化土地20世纪60年代中期至70年代中期，平均每年扩大1560平方千米，70年代中期至80年代中期平均每年扩大2100平方千米，目前正以每年2370平方千米的速度迅速扩大，而且沙漠化的程度越来越严重。1952—1996年，我国西北地区共发生大的沙尘暴50次，其中20世纪50年代5次，60年代8次，70年代13次，80年代14次，90年代以来14次，可以看出，沙尘暴发生越来越频繁。随着我们对环境的重视，最近10年强沙尘暴天气有一定程度的减少(图2-18)。

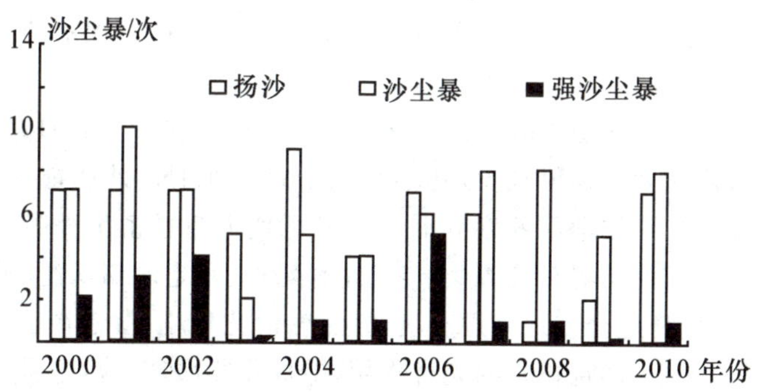

图2-18　2000—2010年春季中国沙尘天气过程历年变化图

4. 沙尘暴的危害

沙尘暴天气是我国西北地区和华北北部地区出现的强灾害性天气，可造成房屋倒塌、交通供电受阻或中断、火灾、人畜伤亡等，污染自然环境，破坏作物生长。给国民经济建设和人民生命财产安全造成严重的损失和极大的危害。沙尘暴天气常常给人类社会的生产、生活和自然环境带来危害，主要体现在以下5个方面。

图 2-19　青海格尔木市郊外超强沙尘突然来袭

(1)生态环境恶化。出现沙尘暴天气时狂风裹的沙石、浮尘到处弥漫，凡是经过地区的空气浑浊，呛鼻迷眼，呼吸道等疾病人数增加。如1993年5月5日发生在金昌市的强沙尘暴天气，监测到的室外空气含尘量为1016mm/cm^3，室内为80mm/cm^3，是国家规定的生活区内空气含尘量标准的40倍。

(2)生产生活受影响。沙尘暴天气携带的大量沙尘蔽日遮光，天气阴沉，造成太阳辐射减少，几小时到十几个小时的恶劣能见度，使人心情沉闷，工作学习效率降低。轻者可使大量牲畜患呼吸道及肠胃疾病，严重时将导致大量“春乏”牲畜死亡、刮走农田沃土、种子和幼苗。沙尘暴还会使地表层土壤风蚀、沙漠化加剧，覆盖在植物叶面上厚厚的沙尘，影响正常的光合作用，造成作物减产。沙尘暴还使气温急剧下降，天空如同撑起了一把遮阳伞，地面处于阴影之下变得昏暗、阴冷。

(3)生命财产损失。1993年5月5日，发生在甘肃省金昌市、武威市、白银市等地的强沙尘暴天气，造成受灾农田253.55万亩，损失树木4.28万株，直接经济损失达2.36亿元，死亡50人，重伤153人。2000年4月12日，永昌、金昌、威武、民勤等地强沙尘暴天气，据不完全统计仅金昌、威武两地就造成直接经济损失达1534万元。

(4)影响交通安全(飞机、火车、汽车等交通事故)。沙尘暴天气经常影响交通安全，造成飞机不能正常起飞或降落，使汽车、火车车厢玻璃破损、停运或脱轨。

(5)危害人体健康。当人暴露于沙尘天气中时，含有各种有毒化学物质、病菌等的尘土可透过层层防护进入口、鼻、眼、耳中。这些含有大量有害物质的尘土若不及时清理，将对这些器官造成损害，或者病菌以这些器官为侵入点，引发各种疾病。

5. 沙尘暴在生态系统中的作用

沙尘暴的危害虽然甚多，但整个沙尘暴的过程却也是自然生态系所不能或缺的部分。例如，澳洲的赤色沙暴中所夹带来的大量铁质已证明是南极海浮游生物重要的营养来源，而浮游植物又可消耗大量的二氧化碳，减缓温室效应的危害，因此沙暴的影响并非全负面。沙尘暴也许是地球为了应对环境变迁的一种症候，就像我们感冒了会咳嗽是为了排除气管中的废物。沙尘暴虽然危害甚大，但也是地球自然生态的必经过程。我们应该更积极地找寻异常沙尘暴频率发生的机制，以真正解决异常气候变迁对环境的危害。

在我国，总的来说，沙尘暴来源于北方地区，对浙江省还没有直接的危害，但是随着气候变化，也已对我省产生了一定的间接影响。2010年3月20日，受冷空气及北方沙尘暴的共同影响，浙江省出现了自1998年以来最严重的沙尘天气。20日夜间开始，浙江省自北而南出现沙尘天气。21日早上8点，沙尘天气已覆盖浙北31县(市)；21日，浮尘逐渐笼罩浙江全省；22日白天，沙尘天气渐渐退去。沙尘天气对能见度、空气质量和人体健康有较大影响，期间哮喘等呼吸道病人大大增加，交通运输等行业也有不同程度的损失，卫星遥感影像见图2-20。这次沙尘天气还影响到浙江南部，丽水全市也出现罕见的浮尘天气，见图 2-21。据丽水市环保部门监测，22 日丽水市区的空气质量污染指数高达 465，是 2003 年开展空气质量污染指数自动监测以来测到的最高值，达到少有的重度污染水平。

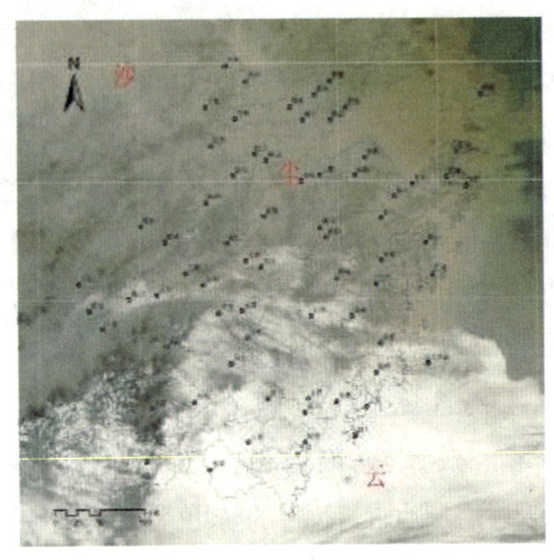

图 2-20　2010 年 3 月 21 日沙尘覆盖遥感影像图

图 2-21　浮尘笼罩下的嘉兴市区（左）和丽水市浮尘覆盖下的汽车（右）

同日，在宁波市也出现了近几年来最严重的浮尘天气，市区空气污染指数高达 500，为重度污染，见图 2-22。受其影响，呼吸道疾病患者明显增多，其中最敏感的是儿童，小儿哮喘患者增加了三成以上；沙尘覆盖在茶叶表面，严重影响光合作用；正值花期的各类水果

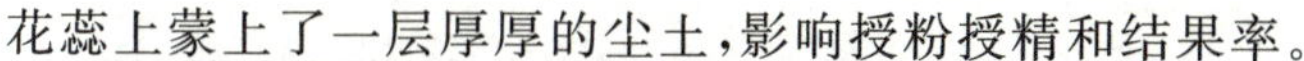

花蕊上蒙上了一层厚厚的尘土，影响授粉授精和结果率。

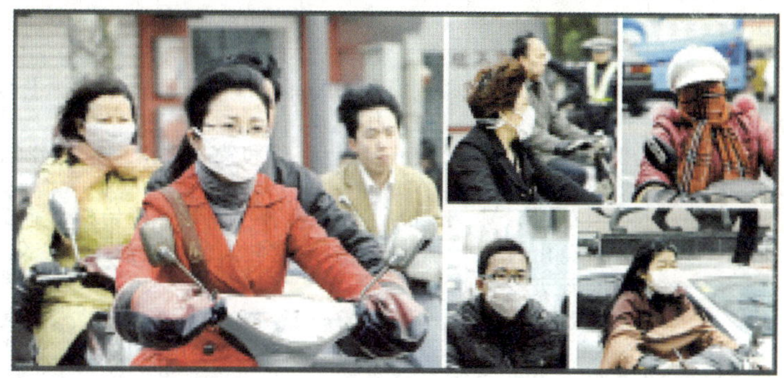

图 2-22　浮尘笼罩下的宁波市，不少市民为防风沙戴口罩出行

6. 沙尘暴预警信号及相应的防御指南

沙尘暴预警信号分三级，以黄、橙和红色表示(表 2-10)。

表 2-10　沙尘暴预警信号及防御指南

图标	标准	防御指南
沙尘暴 黄 SAND STORM	12 小时内可能出现沙尘暴天气(能见度小于 1000 米)，或者已经出现沙尘暴天气并可能持续	①政府及相关部门按照职责做好防沙尘暴工作； ②关好门窗，加固围板、棚架、广告牌等易被风吹动的搭建物，妥善安置易受大风影响的室外物品，遮盖建筑物资，做好精密仪器的密封工作； ③注意携带口罩、纱巾等防尘用品，以免沙尘对眼睛和呼吸道造成损伤； ④呼吸道疾病患者、对风沙较敏感人员不要到室外活动

续表

图标	标准	防御指南
沙尘暴 橙 SAND STORM	6小时内可能出现强沙尘暴天气(能见度小于500米),或者已经出现强沙尘暴天气并可能持续	①政府及相关部门按照职责做好防沙尘暴应急工作; ②停止露天活动和高空、水上等户外危险作业; ③机场、铁路、高速公路等单位做好交通安全的防护措施,驾驶人员注意沙尘暴变化,小心驾驶; ④行人注意尽量少骑自行车,户外人员应当戴好口罩、纱巾等防尘用品,注意交通安全
沙尘暴 红 SAND STORM	6小时内可能出现特强沙尘暴天气(能见度小于50米),或者已经出现特强沙尘暴天气并可能持续	①政府及相关部门按照职责做好防沙尘暴应急抢险工作; ②人员应当留在防风、防尘的地方,不要在户外活动; ③学校、幼儿园推迟上学或者放学,直至特强沙尘暴结束; ④飞机暂停起降,火车暂停运行,高速公路暂时封闭

2.3.6 霾

1. 霾的定义

空气中的灰尘、硫酸、硝酸、有机碳氢化合物等粒子也能使大气混浊,视野模糊并导致能见度恶化,如果水平能见度小于1万米时,将这种非水成物组成的气溶胶系统造成的视程障碍称为霾或灰霾。一般相对湿度小于80%时的大气混浊视野模糊导致的能见度恶化是霾造成的,相对湿度大于90%时的大气混浊视野模糊导致的能见度恶化是雾造成的,相对湿度80%～90%时的大气混浊视野模糊导致的能见度恶化是霾和雾的混合物共同造成的,但其主要成分是霾。霾的厚度比较厚,可达1～3千米。由于灰尘、硫酸、硝酸等粒子组成的霾,其散射波长较长的光比较多,因而霾看起来呈黄色或橙灰色。

图 2-22　嘉兴市灰霾天气

2. 霾的形成因素

霾作为一种自然现象，其形成有三方面因素。①水平方向静风现象增多。随着城市建设的迅速发展，大楼越建越高，增大了地面摩擦系数，风流经城区时明显减弱。静风现象增多，不利于大气污染物向城区外围扩展稀释，并容易在城区内积累高浓度污染。②垂直方向的逆温现象。逆温层好比一个锅盖覆盖在城市上空，使城市上空出现高空比低空气温更高的逆温现象。污染物在正常气候条件下，从气温高的低空向气温低的高空扩散，逐渐循环排放到大气中。但在逆温现象下，低空的气温反而更低，导致污染物停留，不能及时排放出去。③悬浮颗粒物的增加。近年来随着工业的发展，机动车辆的增多，污染物排放和城市悬浮物大量增加，直接导致了能见度降低。霾的形成与污染物的排放密切相关，城市中机动车尾气以及其他烟尘排放源排出粒径在微米级的细小颗粒物，停留在大气中，当逆温、静风等不利于扩散的天气出现时，就形成霾。据研究，在中国存在 4 个霾天气比较严重地区：黄淮海地区、长江河谷、四川盆地和珠江三角洲。

3. 霾的危害

在我国，霾主要发生在春、秋和冬季，它对身体及环境的危害主要分为以下几大部分。

(1)影响身体健康。灰霾的组成成分非常复杂，包括数百种大气颗粒物。其中有害人类健康的主要是直径小于10微米的气溶胶粒子，如矿物颗粒物、海盐、硫酸盐、硝酸盐、有机气溶胶粒子等，它能直接进入并黏附在人体上下呼吸道和肺叶中。由于灰霾中的大气气溶胶大部分均可被人体呼吸道吸入，尤其是亚微米粒子会沉积于上、下呼吸道和肺泡中，引起鼻炎、支气管炎等病症，长期处于这种环境还会诱发肺癌。此外，由于太阳中的紫外线是人体合成维生素D的惟一途径，紫外线辐射的减弱直接导致小儿佝偻病高发。另外，紫外线是自然界杀灭大气微生物如细菌、病毒等的主要武器，灰霾天气导致近地层紫外线的减弱，易使空气中的传染性病菌的活性增强，传染病增多。

(2)影响心理健康。灰霆天气容易让人产生情绪上的波动。

(3)影响交通安全。出现灰霾天气时，室外能见度低，污染持续，交通阻塞，事故频发。

(4)影响区域气候。区域极端气候事件频繁，气象灾害连连。更令人担忧的是，灰霾还加快了城市遭受光化学烟雾污染的提前到来。光化学烟雾是一种淡蓝色的烟雾，汽车尾气和工厂废气里含大量氮氧化物和碳氢化合物，这些气体在阳光和紫外线作用下，会发生光化学反应，产生光化学烟雾。它的主要成分是一系列氧化剂，如臭氧、醛类、酮等，毒性很大，对人体有强烈的刺激作用，严重时会使人出现呼吸困难、视力衰退、手足抽搐等现象。

4. 霾与雾的区别

霾与雾的区别在于发生霾时相对湿度不大，而雾中的相对湿度是饱和的(如有大量凝结核存在时，相对湿度不一定达到100%就可能出现饱和)。一般相对湿度小于80%时的大气混浊视野模糊导致的能见度恶化是霾造成的，相对湿度大于90%时的大气混浊视野模糊导致的能见度恶化是雾造成的，相对湿度80%～90%时的大气混浊视野模糊导致的能见度恶化是霾和雾的混合物共同造成的，但其主要成分是霾。霾比较厚，可达1～3千米左右。霾与雾、云不一样，与晴空区之间没有明显的边界，霾粒子的分布比较均匀，且灰霾粒子的尺度比较小，从0.001～10微米，平均直径约1～2微米，肉眼看不到空中飘浮的颗粒物。由于灰尘、硫酸、硝酸等粒子组成的霾，其散射波长较长的光比较多，因而霾看起来呈黄色或橙灰色。

雾是由大量悬浮在近地面空气中的微小水滴或冰晶组成的气溶胶系统，是近地面层空气中水汽凝结（或凝华）的产物。雾的存在会降低空气透明度，使能见度恶化，如果目标物的水平能见度降低到1000米以内，就将悬浮在近地面空气中的水汽凝结（或凝华）物的天气现象称为雾；而将目标物的水平能见度在1000～10000米的这种现象称为轻雾或霭。形成雾时大气湿度应该是饱和的（如有大量凝结核存在时，相对湿度不一定达到100%就可能出现饱和）。就其物理本质而言，雾与云都是空气中水汽凝结（或凝华）的产物，所以雾升高离开地面就成为云，而云降低到地面或云移动到高山时就称其为雾。一般雾的厚度比较小，常见的辐射雾的厚度大约从几十米到一至两百米。雾和云一样，与晴空区之间有明显的边界，雾滴浓度分布不均匀，而且雾滴的尺度比较大，从几微米到100微米，平均直径大约在10～20微米，肉眼可以看到空中飘浮的雾滴。由于液态水或冰晶组成的雾散射的光与波长关系不大，因而雾看起来呈乳白色或青白色。

5. 霾预警信号及相应的防御指南

霾预警信号分两级，以黄和橙色表示（表2-11）。

表2-11　霾预警信号及防御指南

图标	标准	防御指南
霾 黄 HAZE	12小时内可能出现能见度小于3000米的霾，或者已经出现能见度小于3000米的霾且可能持续	①驾驶人员小心驾驶； ②因空气质量明显降低，人员需适当防护； ③呼吸道疾病患者尽量减少外出，外出时可戴上口罩

续表

图标	标准	防御指南
霾 橙 HAZE	6 小时内可能出现能见度小于 2000 米的霾，或者已经出现能见度小于 2000 米的霾且可能持续	①机场、高速公路、轮渡码头等单位加强交通管理，保障安全； ②驾驶人员谨慎驾驶； ③空气质量差，人员需适当防护； ④人员减少户外活动，呼吸道疾病患者尽量避免外出，外出时可戴上口罩

2.4 台风灾害

台风是对人类社会和全球气候影响最大的天气系统。据计算，一个平均台风的能量相当于 1 万～50 万颗原子弹。台风来临时，会带来狂风暴雨天气，海面产生巨浪和风暴潮，容易造成生命财产的巨大损失，但在其巨大的破坏性后面也隐藏着自然和人类的需求。因此，了解和台风对人类生存、生活是至关重要的。

2.4.1 台风的定义

我国东南部沿海地区经常会受到台风的侵扰。谈到台风，首先要了解气旋。气旋是指在同一高度上中心气压比四周低的水平涡旋。在北半球，大气中的水平气流呈逆时针旋转，它像在流动江河中前进的漩涡一样，一边绕自己的中心急速旋转，一边随周围大气向前移动；在同高度上，气旋中心的气压比四周低，又称低压。而发生在热带或副热带洋面上的逆时针急速旋转(北半球)并向前移动的大气涡旋系统称为热带气旋，它是地球上破坏力最大的天气系统。从高空俯瞰，台风形体婀娜，云墙饱满，然而，在美丽的云墙之下，却是狂风暴雨、惊涛骇浪。台风的风速从外向内增强，外圈风速增强较缓慢，内圈迅速加强，到中心附近达到最强，再往内进入中心，却是一种云稀风景完全不同的现象，称之为台风中心，又叫台风眼。在卫星云图上可以看见台风中心呈一圆洞，台风眼越圆越清晰，表示台风越强（图2-23）。

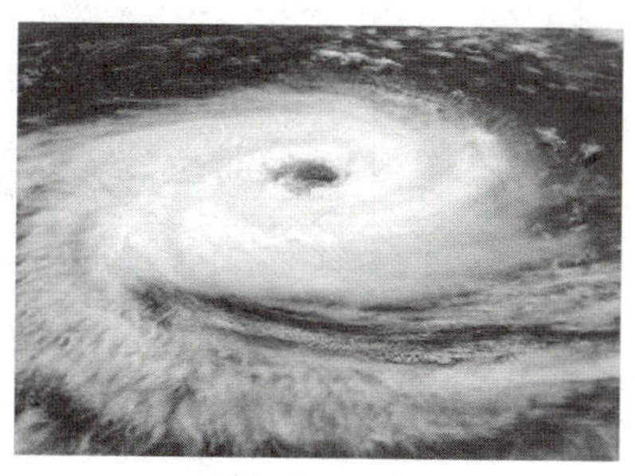

图2-23 台风卫星云图

从气象学角度来讲，台风就是强热带气旋。1989年以前，我国把台风中心附近最大风力达到8级或以上的热带气旋称为台风，将中心附近最大风力达到12级的热带气旋称为强台风。自1989年1月1日开始使用世界气象组织规定的热带气旋等级标准及相应的名称，目前根据中国气象局“关于实施热带气旋等级国家标准”GBT 19201—2006的通知，热带气旋等级的划分以其底层中心附近最大平均风速为标准划分为热带低压（风力6～7级）、热带风暴（风力8～9级）、强热带风暴（风力10～11级）、台风（风力12～13级）、强台风（风力14～15级）和超强台风（风力16级以上）六个等级，见表2-12。因此，热带气旋是热带低压、热带风暴、强热带风暴和台风等的总称。但由于热带低压破坏力不强等原因习惯上所指的热带气旋一般不包括热带低压。

表2-12 热带气旋分类表

热带气旋等级	底层中心最大风力(级)	底层中心最大风速(m/s)	陆地地面特征	海浪一般高度(m)
热带低压	6～7	10.8～17.1	树枝摇动，步行不便	3～4

续表

热带气旋等级	底层中心最大风力(级)	底层中心最大风速(m/s)	陆地地面特征	海浪一般高度(m)
热带风暴	8～9	17.2～24.4	步行阻力甚大，建筑物小损	5.5～7
强热带风暴	10～11	24.5～32.6	树木拔起，建筑物严重损坏	9.0～11.5
台风	12～13	32.7～41.4	摧毁力极大	≥14.0
强台风	14～15	41.5～50.9		
超强台风	16及以上	≥51.0		

地球上很多海域都有热带气旋的踪迹，但不同海域的热带气旋有不同的名称。美洲东方的北大大西洋和西方的北太平洋东部海域统称为“飓风”，孟加拉湾叫“风暴”，菲律宾称之为“碧瑶风”，澳洲叫作“畏来风”，墨西哥人称之为“鞭打”，北太平洋西部包括南海的海域，也就是太平洋靠亚洲习惯于称其为“台风”。

2.4.2 台风的命名

为了跟踪热带气旋的动向，做好预报、警报工作，各国都对热带气旋进行编号或命名。我国从1959年开始采用年代加序号的方法为发生在西北太平洋和南海海域的热带气旋进行系统编号。热带气旋编报范围如下。

(1)180°以西、赤道以北的西北太平洋和南海海面上出现的中心附近的最大平均风力达到8级或8级以上的热带气旋，按照其出现的先后次序进行编号，近海的热带气旋，当其云系结构和环流清楚时，只要获得中心附近的最大平均风力为7级的报告即应编号。

(2)编号用四个数码，前两个表示年份，后两个表示台风出现的先后次序。

(3)热带低压和热带扰动均不编号。1990年出现的第一个达到编号标准的热带气旋，其编号就是9001，第二个为9002，依此类推。

1995年出现的热带气旋则顺序编成9501、9502，依此类推。当热带气旋衰减为热带低压或变性为温带气旋时，则停止对其编号。对热带气旋的命名、定义、分类方法以及对中心位置的测定，不同国家互有差异。世界各国气象部门深感不同国家和地区使用各自的台风命名规则，常常引起各种误会，造成了使用上的混乱，给国际交流带来了严重的影响。

1997年11月25日至12月1日，在中国香港召开的联合国亚太经社和世界气象组织（ESCAP /WMO）台风委员会（以下简称台风委员会）第30届会议决定，就西北太平洋和南海热带气旋采用具有亚洲风格名字的建议展开研究，并指派台风研究协调小组（TRCG）研究执行细节。因台风委员会各成员的文化、语言、宗教信仰不同，对台风名字的含义、发音等都很敏感，TRCG首先制定了台风的命名原则，根据上述原则，由14个成员国各提供10个名字构成热带气旋命名表。

将各国提供的140个热带气旋命名名字分成5列，循环使用。我国大陆地区提供的10个名字以传说中的神灵为主，如龙王、海神、风神、电母等，也有花鸟名称，如杜鹃、海燕等。我国香港地区提供的10个名字以人名、地名为主。我国澳门地区则以动物、植物名称为主。新的热带气旋命名方案从2000年1月1日开始执行。热带气旋命名表将用于通过国际媒体以及向国际航空和航海界发布的预报、警报和公报中，也供各成员用当地语言发布热带气旋警报时使用。从2000年1月1日起，我国中央气象台发布热带气旋警报时，除继续使用热带气旋编号外，还将使用热带气旋名字，而媒体则直接使用台风名字向公众报道。例如，0312，即2003年第12号热带风暴（当其达到强热带风暴强度时，称为第12号强热带风暴；当其达到台风强度时，称为第12号台风），英文名为KROVANH，中文名为“科罗旺”；0313即2003年第13号热带气暴，英文名为DU JUAN，中文名为“杜鹃”。

对于造成严重灾害的热带气旋，台风委员会将对该热带气旋使用的名字从命名表中剔除，代之以另一个首字母相同的名字。

2.4.3　台风的源地和形成

台风蕴藏着巨大的能量，它的发源地只在特定海洋的区域中，全世界每年平均有 80～100 个台风发生。全球台风主要产生于 8 个海区，北半球有太平洋西部和东部、北大西洋西部、孟加拉湾和阿拉伯海等五个海区，南半球有南太平洋西部、南印度洋东部和西部三个海区（图 2-24）。其中绝大部分发生在太平洋和大西洋上，其中约 36％发生在西北太平洋和南海上，这里是全球生成台风最多的海区。南大西洋热带海区，因为南极流来的冷洋流降低了水温，不发生台风。

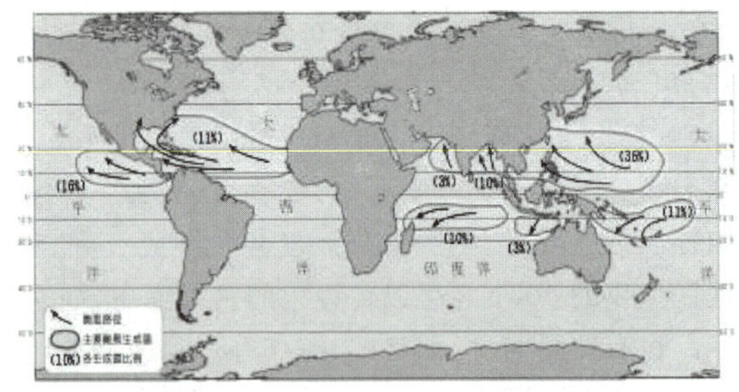

图 2-24　每年台风发生数占全球台风总数百分率的区域分步和路径

西太平洋台风发生主要集中在四个地区。

(1)菲律宾群岛以东和琉球群岛附近海面。这一带是西北太平洋上台风发生最多的地区，全年几乎都会发生。1－6 月主要发生在 15°N 以南的菲律宾萨马岛和棉兰老岛以东的附近海面。6 月以后这个发生区则向北伸展，7－8 月出现在菲律宾吕宋岛到琉球群岛附近海面，9 月又向南移到吕宋岛以东附近海面，10－12 月又移到菲律宾以东的 15°N 以南的海面上。

(2)关岛以东的马里亚纳群岛附近。7－10 月在群岛四周海面均有台风生成，5 月以前很少，6 月和 11－12 月主要发生在群岛以南附近海面上。

(3)马绍尔群岛附近海面上(台风多集中在该群岛的西北部和北部)。这里以10月发生台风最为频繁,1—6月很少有台风生成。

(4)我国南海的中北部海面。这里以6—9月发生台风的机会最多,1—4月则很少有台风发生,5月逐渐增多,10—12月又减少,但多发生在15°N以南的北部海面上。

特定海域才可能“孕育”出台风,台风的发生发展是一个复杂的过程,至今尚未彻底搞清,目前比较一致的看法认为必须具备以下几个特定条件。

(1)足够广阔的热带洋面。这个洋面不仅要求海水表面温度要高于26.5℃,而且在60米深的一层海水里,水温都要超过这个数值。其中广阔的洋面是形成台风时的必要自然环境。

(2)台风形成之前预先要有一个弱的热带涡旋存在。台风是一部“热机”,它以如此巨大的规模和速度在转动,要消耗大量的能量,因此要有能量来源。台风的能量是来自热带海洋上的水汽。

(3)足够大的地球自转偏向力,因赤道的地转偏向力为零,向两极逐渐增大,故台风发生地点大约离赤道5个纬度以上。由于地球的自转,产生一个使空气流向改变的力,称“地球自转偏向力”。在旋转的地球上,地球自转的作用使周围空气很难直接流进低气压,而是沿着低气压的中心作逆时针方向旋转(在北半球)。

(4)在弱低压上方,高低空之间的风向风速差别要小。在这种情况下,上下空气柱一致行动,高层空气中热量容易积聚,从而增暖。气旋一旦生成,在摩擦层以上的环境气流将沿等压线流动,高层增暖作用也就能进一步完成。在2°N以北地区,气候条件发生了变化,主要是高层风很大,不利于增暖,台风不易出现。

2.4.4 台风利弊

台风在给人类带来灾害的同时也给予人类以福音,它对人类的生存、生活至关重要。台风给所经过的地区带来的充沛降水,对于缓解旱情、湿润气候、改善环境都有一定的好处。研究发现,一个直径并不算太大的台风，抵达陆地时可带来30亿吨的降水。在中国、日本、印度、菲律宾、越南和美国沿海地区，台风带来的降水量占了全年总降水量的三成左右。台风降水是我国江南、华南等地区夏季雨量的主要来源。正是有了台风，才使得珠江三角洲、两湖盆地和东北平原的旱情得到缓解，确保了农业丰收；也正是因为台风带来的大量降水，才使得许多干涸的水库又重新蓄满了水。如果没有台风，本来已经很严重的全球性水荒会“雪上加霜”。

台风卷起的深层海水中的营养物质使海中的浮游生物得到充足营养，有利于海洋表层浮游藻类的繁殖，并且为海洋鱼类提供了间接的食物来源，从而促进了生态平衡。

台风还蕴涵着巨大能量。据研究，假定一个成熟的台风在半径为60千米的范围内平均风速为40m/s，维持这样的大风所需的能量约1.5×10^{12}W，相当于全球发电总量的一半，也是十分惊人的！如果我们能很好地利用台风能量，那么世界能源危机也能得到很大缓解。

台风在带来福音的同时也带来挥之不去的“阴霾”，台风在生成过程中就开始积蓄和孕育巨大的能量，这些能量是极具破坏性的。我国是世界上台风灾害最为严重的国家，它给我国东南沿海各省市的工农业生产、交通运输和人民生命财产的安全造成严重威胁和极大损失，其伤亡人数在十大自然灾害中高居首位。台风可以引起一系列大风，当风力达到12级时，垂直于风向平面上每平方米风压可达230千克；降雨中心一天之中可降下100～300mm的大暴雨，甚至可达500～800mm；台风暴雨造成的洪涝灾害是最具危险性的灾害；台风会带来潮位猛涨，水浪排山倒海般向海岸压去，强台风的风暴潮能使沿海水位上升5～6m，当风暴潮与天文大潮高潮位相遇，产生高频率的潮位；台风还带来龙卷风、冰雹、飑线等多种具有重大影响的天气灾害。

2.4.5 台风灾害预警及相应防御措施

中国气象局2004年8月16日发布了《突发气象灾害预警信号发布试行办法》，根据台风接近和影响程度，把台风预警信号分为蓝色、黄色、橙色和红色四级，以此来为人们出行尤其是为室外作业提供可靠的天气参考(表2-13)。

表2-13 台风灾害预警信号及防御指南

图标	标准	防御指南
台风 蓝 TYPHOON	24小时内可能受热带低压影响，平均风力可达6级(风速10.8～13.8m/s)以上，或阵风7级(风速13.9～17.1m/s)以上；或者已经受热带低压影响，平均风力为6～7级，或阵风7～8级并可能持续	①政府及相关部门按照职责做好防台风准备工作； ②停止露天集体活动和高空等户外危险作业； ③相关水域水上作业和过往船舶采取积极的应对措施，如回港避风或者绕道航行等； ④加固门窗、围板、棚架、广告牌等易被风吹动的搭建物，切断危险的室外电源
台风 黄 TYPHOON	24小时内可能受热带风暴影响，平均风力可达8级(风速17.2～20.7m/s)以上，或阵风9级(风速20.8～24.4m/s)以上；或者已经受热带风暴影响，平均风力为8～9级，或阵风9～10级并可能持续	①政府及相关部门按照职责做好防台风应急准备工作； ②停止室内外大型集会和高空等户外危险作业； ③相关水域水上作业和过往船舶采取积极的应对措施，加固港口设施，防止船舶走锚、搁浅和碰撞； ④加固或者拆除易被风吹动的搭建物，人员切勿随意外出，确保老人小孩留在家中最安全的地方，危房人员及时转移

续表

图标	标准	防御指南
台风 橙 TYPHOON	12 小时内可能受强热带风暴影响，平均风力可达 10 级（风速 24.5～28.4m/s）以上，或阵风 11 级（同 28.5～32.6m/s）以上；或者已经受强热带风暴影响，平均风力为 10～11 级，或阵风 11～12 级并可能持续。	①政府及相关部门按照职责做好防台风抢险应急工作； ②停止室内外大型集会、停课、停业（除特殊行业外）； ③相关水域水上作业和过往船舶应当回港避风，加固港口设施，防止船舶走锚、搁浅和碰撞； ④加固或者拆除易被风吹动的搭建物，人员应当尽可能待在防风安全的地方，当台风中心经过时风力会减小或者静止一段时间，切记强风将会突然吹袭，应当继续留在安全处避风，危房人员及时转移； ⑤相关地区应当注意防范强降水可能引发的山洪、地质灾害
台风 红 TYPHOON	6 小时内可能或者已经受台风影响，平均风力可达 12 级（风速大于 32.6m/s）以上，或者已达 12 级以上并可能持续	①政府及相关部门按照职责做好防台风应急和抢险工作； ②停止集会、停课、停业（除特殊行业外）； ③回港避风的船舶要视情况采取积极措施，妥善安排人员留守或者转移到安全地带； ④加固或者拆除易被风吹动的搭建物，人员应当待在防风安全的地方，当台风中心经过时风力会减小或者静止一段时间，切记强风将会突然吹袭，应当继续留在安全处避风，危房人员及时转移； ⑤相关地区应当注意防范强降水可能引发的山洪、地质灾害

2.4.6 影响浙江的台风

浙江省位于中国东南沿海，是所有沿海省份中受台风灾害最严重的省份之一。据统计，1949—2007年，影响浙江的台风共305个，年均5.2个，登陆浙江台风40个，年均0.68个。其中造成较大和重大损失的有89个，发生台风灾害的年份有42年。平均1.4年中就有一年发生台风灾害。

7—9月是浙江热带气旋活动频繁的月份，共有243个热带气旋影响浙江，占总数的80%。登陆的热带气旋情况也较为相似，除了在5月份和10月份各有1个和2个热带气旋登陆外，其他的均在7～9月登陆，占92.5%。该时期正值本省早、晚连作稻生长的关键期，又是旱地作物和柑橘、葡萄等果树的挂果成熟期，一旦受台风影响，对农业破坏极大。根据1999—2007年的农业灾情资料统计，浙江省因台风导致农作物受灾面积平均每年多达32.88万公顷。浙江经济发达，尤其是钱塘江两岸和浙东沿海地区人口稠密，经济总量和财政收入占浙江全省80%以上；同时分布着众多工业和港口、电厂、机场、高速公路等重要基础设施，因此台风对浙江省特别是沿海地区威胁极大。随着浙江经济社会的快速发展，经济要素和人口不断向沿海集聚，灾害损失也呈现上升趋势。

几个影响浙江较大的典型台风如下。

1.2006年8月“桑美”台风

2006年8月10日，“桑美”袭击了我国东南沿海地区。一时间，海堤决口，鱼排漂浮，屋舍坍塌，交通、电力、通信中断，这是1949年来登陆我国大陆风力最强、中心气压最低的超强台风。

2006年8月5日20时，“桑美”在关岛东南方的西北太平洋洋面生成，7日14时加强为台风，9日11时急剧增强为强台风，9日18时在我国近海加强为超强台风，并于10日17时25分在浙江省苍南县马站镇附近登陆，登陆时中心气压920hPa，近中心最大风力17级(60m/s)，最大风力达19级以上。“桑美”登陆苍南后只短暂停留了半个小时，随即马上向福建北部移动，强度随之迅速减弱，11日上午在江西省弋阳县境内减弱为热带低气压，晚上在湖北境内逐渐填塞减弱（图 2-25）。

从卫星云图中看（图 2-26），台风“桑美”整体环流均匀对称，形态唯美，登陆后创下了多个第一，堪称“台风之王”。它具有水平空间尺度小（最强时台风的平均直径不到 300km）、中心气压极低（最低时 915hPa，登陆时仍有 920hPa）、风速极大（苍南的霞关极大风速达到 68m/s，打破了浙江省极大风速历史纪录）、降雨高度集中（苍南的云岩 24 小时雨量超过 400mm）、雨势急（过程雨量主要集中在 8 月 10 日的傍晚到上半夜）、移速快、近海急剧增强等特点。“桑美”台风登陆时的强度比 2005 年 8 月 29 日穿过墨西哥湾登陆美国新奥尔良并造成巨大损失的“卡特里娜”飓风（中心附近最大风速 57m/s、气压 920hPa）还要略强，但“桑美”的影响范围比较小，主要对登陆点附近的浙南（温州、丽水地区）和闽北造成灾害，而浙江其他区域的风雨都不大（相邻的台州地区影响较小），而且整个台风暴雨过程中没有一个浙中北地区的自动站出现 8 级以上的大风和 30mm 以上的暴雨。

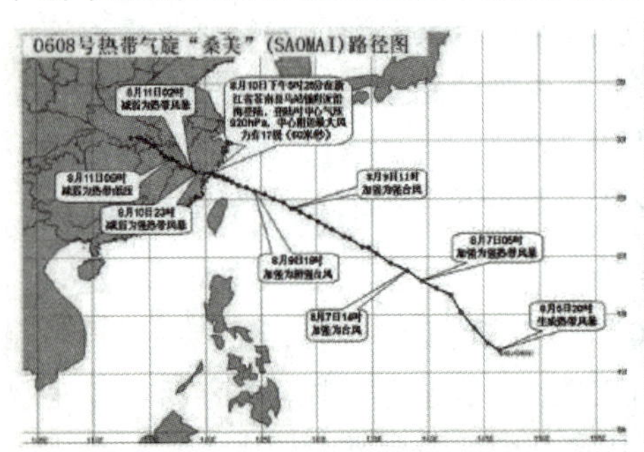

图 2-25 “桑美”移动路径图

图 2-26 “桑美”台风卫星云图

台风“桑美”使浙江全省 23 个县（市、区）的 377 个乡镇 245.57 万人受灾，3.9 万间房屋倒塌；农作物受灾面积 10.32 万公顷，水产养殖受灾面积 1.06 万公顷，水产品损失 2 万吨；沉没渔船 1003 艘（其中小船 899 艘），受损渔船 1153 艘；13710 家工矿企业停产，828

处公路中断，损坏输电线路 864.7 千米，通信线路 499.1 千米；损坏堤坝 5180 处，396.4 千米，水坝 70 座；因灾死亡人数 193 人，失踪 11 人，其中 144 人因房屋倒塌死亡；桑美所造成的直接经济损失达到 127.37 亿元。

由于“桑美”给我国浙闽地区造成重大人员伤亡和财产损失，2007 年 11 月，由“山神”取代其命名序列。

2.“莫拉克”台风

2009 年 8 月 4 日 2 时，“莫拉克”在西北太平洋生成，5 日 2 时加强为强热带风暴，同日 14 时加强为台风，7 日 23 时 45 分在我国台湾省花莲附近登陆，登陆时中心附近最大风力 13 级，8 日 8 点 30 分前后在台中市附近进入台湾海峡，后移动缓慢，于 9 日 16 时 20 分在福建省霞浦县登陆，登陆时中心气压 970hPa，近中心最大风速 33m/s（12 级），同日 18 时减弱为强热带风暴，10 日 02 时减弱为热带风暴，06 时进入温州泰顺境内，之后向北横穿浙江省，经文成、青田、缙云、永康、东阳、诸暨、绍兴、杭州、海宁、湖州等地，于 11 日 1 时 50 分进入江苏境内。

从卫星云图中看（图 2-27）台风“莫拉克”整体环流并不是什么对称，且台风眼也不清晰，但它的影响范围和降水强度都十分惊人。

图 2-27 “莫拉克”台风卫星云图

图 2-28 台风“莫拉克”引起海宁盐仓大潮

第8号台风“莫拉克”有3个主要特点：①后期移动速度慢，特别是通过台湾海峡的时间长达31小时，平均移动时度仅8～9千米。②影响范围广，涉及福建、浙江、江西、安徽、上海、江苏、山东等7省(市)，鼎盛时期时7级风圈半径达500千米、10级风圈半径达120千米。③降雨强度大，在我国台湾造成极强的降雨，暴雨中心过程点雨量近3000mm，暴雨中心在浙江泰顺县九峰，过程点雨量超过1240mm，创浙江省台风降雨量新纪录。“莫拉克”造成的影响如图2-28所示。

“莫拉克”造成浙江省降水范围之广、雨量之大，历史罕见。降水影响时间达5天之久。浙江全省面雨量153mm，100mm以上覆盖面积7.4万平方千米，250mm以上覆盖面积约3.0万平方千米，500mm以上覆盖面积约6500平方千米，大风持续时间特别长，大风强度强。沿海海面大风持续100余小时，沿海地区持续90余小时。台风“莫拉克”造成浙江省11个市72个县(市、区)971个乡镇866.8万人受灾，5人死亡，1人失踪。浙江省直接经济损失达98.7亿元，其中农业37.0亿元。

2.5 地震灾害

地震是地球内部缓慢积累的能量突然释放引起的地球表层的振动。当地球内部在运动中积累的能量对地壳产生的巨大压力超过岩层所能承受的限度时，岩层便会突然发生断裂或错位，使积累的能量急剧地释放出来，并以地震波的形式向四面八方传播，形成地震。地震是自然灾害之首恶。地球上每天都在发生地震，全世界每年大约发生500万次地震，绝大多数地震因震级小而感觉不到。其中有感地震约5万多次，造成破坏的地震近千次，7级以上造成巨大破坏的仅十几次，且大多发生在人烟稀少地区。

2.5.1 地震的等级与分类

地震的等级主要由地震震级和地震烈度来表现。

1. 地震震级

地震震级是衡量地震大小的一种度量，表示地震所释放的能量的大小。震级大的地震，释放的能量就多。每一次地震只有一个震级。它是根据地震时释放能量的多少来划分的。震级可以通过地震仪器的记录计算出来，震级越高，释放的能量也越多。我国使用的震级标准是国际通用震级标准，称“里氏震级”。各国和各地区的地震分级标准不尽相同。

里氏震级大小的划分如下：

(1)一般将小于1级的地震称为超微震；

(2)大于等于1级，小于3级的称为弱震或微震；

(3)大于等于3级，小于4.5级的称为有感地震；

(4)大于等于4.5级，小于6级的称为中强震；

(5)大于等于6级，小于7级的称为强震；

(6)大于等于7级的称为大地震；

(7)8级及8级以上的称为巨大地震。

北京时间2011年3月11日13时46分在日本本州东海岸附近海域发生9.0级强烈地震，并在该国东北太平洋沿岸引发6～10米高的巨大海啸，见图2-28。该地震所造成的破坏力相当于20多个汶川地震(中国地震首席预报员孙士)。

图2-28 日本东北部地震引发的海啸

2. 地震烈度

表示地震对地面上产生的破坏大小，指地面及房屋等建筑物受地震破坏后的程度。对同一个地震，不同的地区的烈度大小是不一样的。距离震源近，破坏就大，烈度就高；距离震源远，破坏就小，烈度就低。地震烈度等级具体见表 2-14。我国通常采用的是里氏震级。

表 2-14　中国地震烈度表

烈度	在地面上人的感觉	房屋震害程度		其他震害现象	水平向地面运动	
		震害现象	平均震害指数		峰值加速度（m/s^2）	峰值速度（m/s）
Ⅰ	无感					
Ⅱ	室内个别静止中人有感觉					
Ⅲ	室内少数静止中人有感觉	门、窗轻微作响		悬挂物微动		
Ⅳ	室内多数人、室外少数人有感觉，少数人梦中惊醒	门、窗作响		悬挂物明显摆动，器皿作响		
Ⅴ	室内普遍、室外多数人有感觉，多数人梦中惊醒	门窗、屋顶、屋架颤动作响，灰土掉落，抹灰出现微细裂缝，有檐瓦掉落，个别屋顶烟囱掉砖		不稳定器物摇动或翻倒	0.31（0.22～0.44）	0.03（0.02～0.04）

续表

烈度	在地面上人的感觉	房屋震害程度		其他震害现象	水平向地面运动	
		震害现象	平均震害指数		峰值加速度(m/s^2)	峰值速度(m/s)
Ⅵ	多数人站立不稳,少数人惊逃户外	损坏～墙体出现裂缝,檐瓦掉落,少数屋顶烟囱裂缝、掉落	0～0.10	河岸和松软土出现裂缝,饱和砂层出现喷砂冒水;有的独立砖烟囱轻度裂缝	0.63(0.45～0.89)	0.06(0.05～0.09)
Ⅶ	大多数人惊逃户外,骑自行车的人有感觉,行驶中的汽车驾乘人员有感觉	轻度破坏—局部破坏,开裂,小修或不需要修理可继续使用	0.11～0.30	河岸出现坍方;饱和砂层常见喷砂冒水,松软土地上地裂缝较多;大多数独立砖烟囱中等破坏	1.25(0.90～1.77)	0.13(0.10～0.18)
Ⅷ	多数人摇晃颠簸,行走困难	中等破坏～结构破坏,需要修复才能使用	0.31～0.50	干硬土上亦出现裂缝;大多数独立砖烟囱严重破坏;树梢折断;房屋破坏导致人畜伤亡	2.50(1.78～3.53)	0.25(0.19～0.35)
Ⅸ	行动的人摔倒	严重破坏～结构严重破坏,局部倒塌,修复困难	0.51～0.70	干硬土上出现地方有裂缝;基岩可能出现裂缝、错动;滑坡坍方常见;独立砖烟囱倒塌	5.00(3.54～7.07)	0.50(0.36～0.71)

续表

烈度	在地面上人的感觉	房屋震害程度		其他震害现象	水平向地面运动	
		震害现象	平均震害指数		峰值加速度(m/s^2)	峰值速度(m/s)
Ⅹ	骑自行车的人会摔倒，处不稳状态的人会摔离原地，有抛起感	大多数倒塌	0.71～0.90	山崩和地震断裂出现；基岩上拱桥破坏；大多数独立砖烟囱从根部破坏或倒毁	10.00 (7.08～4.14)	1.00 (0.72～1.41)
Ⅺ		普遍倒塌	0.91～1.00	地震断裂延续很长；大量山崩滑坡		
Ⅻ				地面剧烈变化，山河改观		

注：表中的数量词："个别"为10%以下；"少数"为10%～50%；"多数"为50%～70%；"大多数"为70%～90%；"普遍"为90%以上。

地震分为天然地震和人工地震两大类。天然地震主要是构造地震，它是由于地下深处岩石破裂、错动将长期积累起来的能量急剧释放出来，以地震波的形式传播出去，在地面引起的房摇地动。构造地震约占地震总数的90%以上。其次是由火山喷发引起的地震，称为火山地震，约占地震总数的7%。此外，某些特殊情况下也会产生地震，如岩洞崩塌(陷落地震)、大陨石冲击地面(陨石冲击地震)等。

人工地震是由人为活动引起的地震。如工业爆破、地下核爆炸造成的震动；在深井中进行高压注水以及大水库蓄水后增加了地壳的压力，有时也会诱发地震。

2.5.2 中国地震的分布

我国地震也呈带状分布，大约以105°N经线为界分东西两部分。①西部地震带包括阿尔泰地震带、天山地震带、昆仑山地震带、祁连山地震带、喜马拉雅地震带和红河地震带等。②东部地震带包括台湾地震带、东南沿海地震带、河北平原地震带、汾渭地震带、燕山地震带、秦岭地震带和郯城—庐江地震带。

中国西部地区是世界上大陆地震最活跃、最强烈和最密集的地区。环太平洋地震带对我国台湾及其附近海域影响最大。华北区、台湾地区地震多发的成因是该区处在亚欧板块与太平洋板块的交界带，地壳活动强烈。西南地区地震、滑坡、泥石流多发的成因是由于印度洋板块和亚欧板块的挤压碰撞。有历史记载以来，我国的几乎所有的8级和80％～90％的7级以上的强震都发生在这些断裂带的边上。

2.5.3　地震的危害

通常来讲，里氏3级以下的地震释放的能量很小，对建筑物不会造成明显的损害。人们对于里氏4级以上的地震具有明显的震感。在防震性能比较差且人口相对集中的区域，里氏5级以上的地震就有可能造成人员伤亡。

地震产生的地震波可直接造成建筑物的破坏甚至倒塌；破坏地面，产生地面裂缝、塌陷等；发生在山区还可能引起山体滑坡，雪崩等；发生在海底的强地震可能引起海啸。余震会使破坏更加严重。地震引发的次生灾害主要有建筑物倒塌，山体滑坡以及管道破裂等引起的火灾、水灾和毒气泄漏等。此外，当伤亡人员尸体不能及时清理，或污秽物污染了饮用水时，有可能导致传染病的爆发。在有些地震中，这些次生灾害造成的人员伤亡和财产损失可能超过地震带来的直接破坏。

据中国地震局地质研究所的韩竹君研究员分析，20世纪以来，中国共发生6级以上地震近800次，遍布除贵州、浙江两省和香港特别行政区以外所有的省、自治区、直辖市，死于地震的人数达55万之多，占同期全球地震死亡人数的53％。

浙江省历史上虽然未有发生或受到6级以上地震的影响，但

2006年温州地区文成县、泰顺县偶然发生了一次里氏4.6级的有感地震，由于这次地震震源浅，所以破坏力较强，造成了较为严重的地震灾害。有效预防地震灾害措施是提高建筑物设防标准，提高公民自救互救能力和增强公民的防震意识。

2.6 低温冷冻和雪灾

低温冷冻灾害指在作物的主要生长发育阶段，气温降至影响作物的正常生长发育程度，造成作物减产甚至绝收的灾害。主要包括倒春寒、夏季低温、寒露风、霜冻和寒潮等。

(1)春季低温冷冻灾害。我国南方在早稻播种育秧时期(3～4月)，由于受低温影响造成烂种烂秧，称为春季低温冷冻灾害，俗称“倒春寒”。2010年4月14－16日，受强冷空气影响，浙江省出现1997年以来最严重的全省性倒春寒天气，浙北和浙中西部的日最低气温连续3天在5℃以下。倒春寒造成早稻秧苗受冻、移栽和直播推迟，导致生育缓慢，后期被迫割青；此外，油菜、春茶、蔬菜等作物也受较大影响，农业生产受损严重。此次倒春寒之前还遭受了一场低温冻害，3月8－10日，受强冷空气影响，浙江省中北部出现雨夹雪或雪，最低气温普遍达－2℃～－4℃，高山地区达－10℃左右，已开始萌发的早生名优茶造成严重冻害。据统计，浙江省茶叶直接经济损失达20亿元左右。

(2)秋季低温冷冻灾害。晚稻抽穗扬花期，受到低温天气的影响，造成空壳和秕粒率增大而减产。由于此种灾害在华南地区多发生在“寒露”节气前后，故称“寒露风”。

(3)夏季低温冷冻灾害。东北是我国最北的农业区，冬季长，无霜期短，夏季平均气温明显偏低，往往使作物生育期延迟。延迟的天数与平均温度成反比，即平均温度越低，作物生育期延迟的时间越长。所以当未成熟的作物遇到早霜冻就会造成大幅度的减产。

2.6.1 寒潮灾害

寒潮是冬季的一种灾害性天气。寒潮天气过程是一种大规模的强冷空气活动过程。其主要特点是剧烈降温和大风,有时还伴有雨、雪、雨凇或霜冻等。寒潮能导致河港封冻、交通中断、牲畜和早春晚秋作物受冻,但它也有利于小麦杀虫越冬,盐业制卤等。因此,做好寒潮天气预报,对国防、经济生产部门采取积极措施预防其灾害、利用有利因素具有相当重要的意义。我国幅员广大,气候条件差异很大,服务情况又错综复杂,各地常根据当地的具体情况而寒潮强度的等级和发布寒潮警报的标准。

2009年10月31日起,浙江省受寒潮影响,自北而南出现了剧烈降温、持续大风等恶劣天气。此次强冷空气影响时间特早、强度特强,为有记录以来最早。浙江全省72小时降温幅度达10.5℃~17.5℃。大部地区初霜日比常年平均提早10天以上,西北山区出现零度低温。浙江沿海海面和内陆平原地区出现了持续50小时以上的偏北大风。此次强冷空气致使流感病人急剧增加,海面大风造成浙江省沿海航线几乎全线停航。

1. 寒潮的定义

寒潮是北方的冷空气大规模地向南侵袭我国,造成大范围急剧降温和偏北大风的天气过程。寒潮一般多发生在秋末、冬季、初春时节。

中央气象台的寒潮标准规定,以过程降温与温度负距平相结合来划定冷空气活动强度。过程降温是指冷空气影响过程的始末,日平均气温的最高值与最低值之差;温度负距平是指冷空气影响过程中最低日平均气温与该日所在旬的多年旬平均气温之差。全国范围内取30个代表站分为5个区,一个区内有3/5的站有冷空气活动,则定为该区有冷空气活动。当一次冷空气影响2~5个区并达到相同等级,并且其中包括华北和长江2个区的,称为全国类;只影响北方2或3个区的,称为北方类;只影响南方2个区的,称为南方类。

单站冷空气强度等级标准如表 2-15 所示。

表 2-15　单站冷空气强度等级标准

过程降温(℃)	温度负距平绝对值(℃)	冷空气强度等级
≥10	≥5	寒潮
8～9	4	强冷空气
5～7	≤3	一般冷空气

我国寒潮出现的时间，最早开始于 9 月下旬，结束最晚的是次年 5 月。春季的 3 月和秋季的 10～11 月是寒潮和强冷空气活动最频繁的季节，也是寒潮和强冷空气对生产活动可能造成危害最重的时节。

2. 寒潮形成的原因

北极地区由于太阳光照弱，地面和大气获得的热量少，常年冰天雪地。到了冬天，太阳光的直射位置越过赤道，到达南半球，北极地区的寒冷程度更加增强，范围扩大，气温一般都在－40℃～－50℃以下。范围很大的冷气团聚集到一定程度，在适宜的高空大气环流作用下，就会大规模向南入侵，形成寒潮天气。

我国位于欧亚大陆的东南部。影响我国的寒潮就是从那些地方形成的。位于高纬度的北极地区和西伯利亚、蒙古高原一带，那里一年到头受太阳光的斜射，地面接收太阳光的热量很少。尤其是到了冬天，太阳光线南移，北半球太阳光照射的角度越来越小，因此，地面吸收的太阳光热量也越来越少，地表面的温度变得很低。在冬季北冰洋地区，气温经常在－20℃以下，最低时可到－60℃～－70℃。1 月份的平均气温常低于－40℃。由于北极和西伯利亚一带的气温很低，大气的密度就大大增加，空气不断收缩下沉，使气压增高，这样，便形成一个势力强大、深厚宽广的冷高压气团。当这个冷性高压势力增强到一定程度时，就会汹涌澎湃地向我国袭来，这就是寒潮。每一次寒潮爆发后，西伯利亚的冷空气就要减少一部分，气压也随之降低。经过一段时间后，冷空气又重新聚集堆积起来，孕育新的寒潮。

3. 寒潮的源地和影响范围

冷空气的源地主要有:①新地岛以西洋面上;②新地岛以东洋面上;③冰岛以南洋面上。

寒潮东西长度可达几百千米到几千千米,但其垂直厚度一般只有二三千米。寒潮的移动速度为每小时几十千米。影响我国的寒潮大致有三条路线:①西路是影响我国时间最早、次数最多的一条路线。强冷空气自北极出发,经西伯利亚西部南下,进入我国新疆,到中原,直到西南、华南地区。②中路是影响浙江地区的主要路径。强冷空气从西伯利亚的贝加尔湖和蒙古人民共和国一带,经过我国的内蒙古自治区,进入华北直到东南沿海地区。③东路,冷空气从西伯利亚东北部南下,有时经过我国东北,有时经过日本海、朝鲜半岛,侵入我国东部沿海一带。从这条路线南下的寒潮主力偏东,势力一般都不很强,次数也不多。

4. 寒潮的利弊

(1)寒潮的危害。寒潮引起的低温可造成人命伤亡。在极端寒冷天气下,平均死亡率较炎热高温还要高,特别是老年人,他们皮下脂肪较少,体温调节机能较弱,在寒冷天气下身体难以适应周遭的气温下降。欧洲每年因严寒导致的死亡人数约150万人,远比酷热导致的死亡人数20万人高。寒冷天气和干燥天气也有利流感病毒、禽流感病毒存活,冠状动脉和大脑容易形成血栓,引致心脏病和中风的发病率较高,而呼吸道疾病也更易传染。

寒潮爆发导致的剧烈低温及强风也会造成农、渔、民生等灾害,尤其是干冷,对农作物伤害巨大。由于云量极少,晚间的辐射降温会使植物细胞里面的水结冰,破坏细胞膜结构。日间气温因受太阳热量影响快速上升,加上湿度低,使细胞内的水分迅速从破裂的细胞膜蒸发,引致植物死亡。寒冷天气也对渔业也造成严重打击,除了出海作业时有危险外,水温降低也可令鱼死亡。2008年农历新年前后,广东及我国香港均有大批鱼被冻死;我国台湾西部沿海的养殖渔业,每逢寒潮都损失惨重;大部分工厂停产,损失巨大。

寒潮来临时因气温低,动物的食物来源也很缺乏;动物身体的热量会不断地被寒冷的环境带走,在动物园也有动物被冻死,野外的动物也有一定数量死亡。

寒流常伴随干旱天气。内陆空气本身已干燥,寒潮爆发时,吹走海上来的水汽,让空气变得更干燥。干燥天气下,山火更容易发生,烧毁大量树木,使自然环境受损。

(2)寒潮的益处。寒潮也有有益的影响。地理学家的研究分析表明,寒潮有助于地球表面热量交换。随着纬度增高,地球接收太阳辐射能量逐渐减弱,因此地球形成热带、温带和寒带。寒潮携带大量冷空气向热带倾泻,使地面热量进行大规模交换,这非常有助于自然界的生态保持平衡,保持物种的繁茂。

气象学家认为,寒潮是风调雨顺的保障。我国受季风影响,冬天气候干旱,为枯水期。但每当寒潮南侵时,常会带来大范围的雨雪天气,缓解了冬天的旱情,使农作物受益。

农作物病虫害防治专家认为,寒潮带来的低温,是目前最有效的天然"杀虫剂",可以大量杀死潜伏在土壤中过冬的害虫和病菌,或抑制其滋生,减轻来年的病虫害。据各地农技站调查数据显示,凡大雪封冬之年,农药可节省60%以上。

寒潮还可带来风资源。科学家认为,风是一种无污染的宝贵动力资源。日本宫古岛风能发电站寒潮期的发电效率是平时的1.5倍。

5. 寒潮的预防

(1)当气温发生骤降时,要注意添衣保暖,特别是要注意手、脸的保暖。

(2)关好门窗,固紧室外搭建物。

(3)外出当心路滑跌倒。

(4)老弱病人,特别是心血管病人、哮喘病人等对气温变化敏感的人群尽量不要外出。

(5)注意休息,不要过度疲劳。

(6)采用煤炉取暖的家庭要防止煤气中毒。

(7)加强天气预报,提前发布准确的寒潮消息或警报。

(8)发布准确的寒潮消息或警报,海上船舶及时返航。

(9)事先对农作物、畜群等做好防寒准备。

6. 寒潮预警信号及相应的防御指南

寒潮预警信号分四级,以蓝、黄、橙和红色表示(表2-16)。

表 2-16 寒潮预警信号及防御指南

图标	标准	防御指南
℃ 寒潮 蓝 COLD WAVE	48 小时内最低气温将要下降 8℃以上,最低气温小于等于 4℃,陆地平均风力可达 5 级以上;或者已经下降 8℃以上,最低气温小于等于 4℃,平均风力达 5 级以上,并可能持续	①政府及有关部门按照职责做好防寒潮准备工作; ②注意添衣保暖; ③对热带作物、水产品采取一定的防护措施; ④做好防风准备工作
℃ 寒潮 黄 COLD WAVE	24 小时内最低气温将要下降 12℃以上,最低气温小于等于 4℃,平均风力可达 6 级以上,或阵风 7 级以上;或已经下降 12℃以上,最低气温小于等于 4℃,平均风力达 6 级以上,或阵风 7 级以上,并可能持续	①政府及有关部门按照职责做好防寒潮工作; ②注意添衣保暖,照顾好老、弱、病人; ③对牲畜、家禽和热带、亚热带水果及有关水产品、农作物等采取防寒措施; ④做好防风工作
℃ 寒潮 橙 COLD WAVE	24 小时内最低气温将要下降 12℃以上,最低气温小于等于 0℃,陆地平均风力可达 6 级以上;或者已经下降 12℃以上,最低气温小于等于 0℃,平均风力达 6 级以上,并可能持续	①政府及有关部门按照职责做好防寒潮应急工作; ②注意防寒保暖; ③农业、水产业、畜牧业等要积极采取防霜冻、冰冻等防寒措施,尽量减少损失; ④做好防风工作

续表

图标	标准	防御指南
℃ 寒潮 红 COLD WAVE	24 小时内最低气温将要下降 16℃以上，最低气温小于等于 0℃，陆地平均风力可达 6 级以上；或者已经下降 16℃以上，最低气温小于等于 0℃，平均风力达 6 级以上，并可能持续	①政府及相关部门按照职责做好防寒潮的应急和抢险工作； ②注意防寒保暖； ③农业、水产业、畜牧业等要积极采取防霜冻、冰冻等防寒措施，尽量减少损失； ④做好防风工作

2.6.2 霜冻

霜冻是一种较为常见的农业气象灾害，发生在冬春季，多为寒潮南下，短时间内气温急剧下降至零摄氏度以下引起；或者受寒潮影响后，天气由阴转晴的当天夜晚，因地面强烈辐射降温所致。霜冻对园林植物的危害，主要是使植物组织细胞中的水分结冰，导致生理干旱，而使其受到损伤或死亡，给园林生产造成巨大损失。

1. 霜冻的定义

霜冻是指空气温度突然下降，地表温度骤降到 0℃以下，使农作物受到损害，甚至死亡。霜是近地面空气中的水汽达到饱和，并且地面温度低于 0℃，在物体上直接凝华而成的白色冰晶，有霜冻时并不一定是霜。每年秋季第一次出现的霜冻叫初霜冻，翌年春季最后一次出现的霜冻叫终霜冻，初终霜冻对农作物的影响都较大。

2. 霜冻的分类

霜冻一般分为三种类型。由北方强冷空气入侵酿成的霜冻，常见于长江以北的早春和晚秋，以及华南和西南的冬季，北方称之为“风霜”，气象学上叫做平流霜冻。在晴朗无风的夜晚，地面因强烈辐射散热而出现低温，人们称之为“晴霜”或“静霜”，气象学上叫做辐射霜冻。先因北方强冷空气入侵，气温急降，风停后夜间晴朗，辐射散热强烈,气温再度下降,造成霜冻,这种霜冻称为混合霜冻或平流辐射霜冻,也是最为常见的一种霜冻。一旦发生这种霜冻,往往降温剧烈,空气干冷,很容易使农作物和园林植物枯萎死亡。所以这类霜冻应特别引起注意,以免造成严重的经济损失。

3. 有关霜冻的几种区分

(1)霜和霜冻的区别。霜是由于贴近地面的空气受地面辐射冷却的影响而降温到霜点,即气层中地物表面温度或地面温度降到零度以下,所含水汽的过饱和部分在地面一些传热性能不好的物体上凝华成的白色冰晶,其结构松散。一般在冷季夜间到清晨的一段时间内形成,形成时多为静风。霜在洞穴里、冰川的裂缝口和雪面上有时也会出现。在我国四季分明的中纬度地区,深秋至第二年早春季节,正是冬季开始前和结束后的时间,夜间的气温一般能降低 0℃以下。在晴朗的夜间,因为无云,地面热量散发很快,在前半夜由于地面白天储存热量较多,气温一般不易降到 0℃以下。特别是到了后半夜和黎明前,地面散发的热量已很多,而获得大气辐射补偿的热量很少,气温下降很快,当气温下降到 0℃以下时,近地面空气中的水汽附着在地面的土块、石块、树叶、草木、低房的瓦片等物体上,就凝结成了冰晶的白霜。

霜冻多在春秋转换季节,白天气温高于摄氏零度,夜间气温短时间降至零度以下的低温危害现象,即农业气象学中指土壤表面或者植物株冠附近的气温降至零度以下而造成作物受害的现象。出现霜冻时,往往伴有白霜,也可不伴有白霜,不伴有白霜的霜冻被称为“黑霜”或“杀霜”。

(2)冻雨和霜冻的区别。冻雨是初冬或冬末春初时节见到的一种天气现象。当较强的冷空气南下遇到暖湿气流时,冷空气像楔子一样插在暖空气的下方,近地层气温骤降到零度以下,湿润的暖空气被抬升,并成云致雨。当雨滴从空中落下来时,由于近地面的气温很低,在电线杆、树木、植被及道路表面都会冻结上一层晶莹透亮的薄冰,气象上把这种天气现象称为“冻雨”,也称“雨凇”或“冰凌”。中国南方一些地区把冻雨又叫做“下冰凌”，北方地区称它为“地油子”。如遇毛毛雨时，则出现粒凇，粒凇表面粗糙，粒状结构清晰可辨；如遇较大雨滴或降雨强度较大时，往往形成明冰凇，明冰凇表面光滑，透明密实，常在电线、树枝或舰船上一边流一边冻，形成长长的冰挂。冻雨多发生在冬季和早春时期。中国出现冻雨较多的地区是贵州省，其次是湖南省、江西省、湖北省、河南省、安徽省、江苏省及山东省、河北省、陕西省、甘肃省、辽宁省南部等地，其中山区比平原多，高山最多。雨水从空中落下来结成冰，这种冰积聚到一定程度时，危害不浅。

4. 霜冻预警信号及相应的防御等级

霜冻预警信号分三级，以蓝、黄和橙色表示(表 2-17)。

表 2-17　霜冻预警信号及防御指南

图标	标准	防御指南
	48 小时内地面最低温度将要下降到 0℃以下，对农业将产生影响，或者已经降到 0℃以下，对农业已经产生影响，并可能持续	①政府及农林主管部门按照职责做好防霜冻准备工作； ②对农作物、蔬菜、花卉、瓜果、林业育种要采取一定的防护措施； ③农村基层组织和农户要关注当地霜冻预警信息，以便采取措施加强防护
	24 小时内地面最低温度将要下降到零下 3℃以下，对农业将产生严重影响，或者已经降到零下 3℃以下，对农业已经产生严重影响，并可能持续	①政府及农林主管部门按照职责做好防霜冻应急工作； ②农村基层组织要广泛发动群众，防灾抗灾； ③对农作物、林业育种要积极采取田间灌溉等防霜冻、冰冻措施，尽量减少损失； ④对蔬菜、花卉、瓜果要采取覆盖、喷洒防冻液等措施，减轻冻害

续表

图标	标准	防御指南
	24小时内地面最低温度将要下降到零下5℃以下，对农业将产生严重影响，或者已经降到零下5℃以下，对农业已经产生严重影响，并将持续	①政府及农林主管部门按照职责做好防霜冻应急工作； ②农村基层组织要广泛发动群众，防灾抗灾； ③对农作物、蔬菜、花卉、瓜果、林业育种要采取积极的应对措施，尽量减少损失

2.6.3 道路结冰

道路结冰在冬季常常发生，它对道路车辆的通行有很大影响，多起交通事故的始作俑者就是道路结冰。

1. 道路结冰的定义

道路结冰是指降水，如雨、雪、冻雨，或雾滴，碰到温度低于0℃的地面而出现的积雪或结冰现象。通常包括冻结的残雪、凸凹的冰辙、雪融水或其他原因的道路积水在寒冷季节形成的坚硬冰层。

2. 道路结冰发生的时间

道路结冰容易发生在11月到下一年4月（即冬季和早春）的一段时间内。我国北方地区，尤其是东北地区和内蒙古北部地区，常常出现道路结冰现象。我国南方地区，降雪一般为“湿雪”，往往属于0～4℃的混合态水，落地便成冰水糨糊状，一到夜间气温下降，就会凝固成大片冰块，只要当地冬季最低温度低于0℃，就有可能出现道路结冰现象。若温度不回升到足以使冰层解冻，就将一直存在。一般来说，当出现大范围强冷空气活动引起气温下降的天气时，如果伴有雨雪，最容易发生道路结冰现象。

3. 道路结冰的危害

出现道路结冰时，由于车轮与路面摩擦作用大大减弱，容易打滑，刹不住车，造成交通事故。行人也容易滑倒，造成摔伤。2008年初，我国南方十几个省份持续出现雨雪、冰冻等天气，导致多条高速公路因道路积雪结冰先后封闭，民航机场因飞机跑道、停机坪大量积雪结冰而关闭，人员物资无法运送，对交通造成了严重影响。特别是在春运之际，天气较冷容易发生道路结冰，加上车辆繁多，对交通事故的产生是一个很大隐患(图 2-29)。

图 2-29　道路结冰险象环生

4. 道路结冰预警信号及相应的防御指南

道路结冰预警信号分三级，以黄、橙和红色表示(表2-18)。

表 2-18　道路结冰预警信号及防御指南

图标	标准	防御指南
道路结冰 黄 ROAD ICING	当路表温度低于 0℃，出现降水，12 小时内可能出现对交通有影响的道路结冰	①交通、公安等部门要按照职责做好道路结冰应对准备工作； ②驾驶人员应当注意路况，安全行驶； ③行人外出尽量少骑自行车，注意防滑
道路结冰 橙 ROAD ICING	当路表温度低于 0℃，出现降水，6 小时内可能出现对交通有较大影响的道路结冰	①交通、公安等部门要按照职责做好道路结冰应急工作； ②驾驶人员必须采取防滑措施，听从指挥，慢速行驶； ③行人出门注意防滑
道路结冰 红 ROAD ICING	当路表温度低于 0℃，出现降水，2 小时内可能出现或者已经出现对交通有很大影响的道路结冰	①交通、公安等部门做好道路结冰应急和抢险工作； ②交通、公安等部门注意指挥和疏导行驶车辆，必要时关闭结冰道路交通； ③人员尽量减少外出

2.6.4　暴雪(雪灾)

在地球上,水是不断循环运动的,海洋和地面上的水受热蒸发到天空中,这些水汽又随着风运动到别处,当它们遇到冷空气,形成降水又重新回到地球表面。这种降水分为两种:一种是液态降水,即下雨;另一种是固态降水,即下雪或下冰雹等。雪是固态降水中最主要的形式,雪大多是白色不透明的六出分枝的星状、六角形片状结晶,常缓缓飘落,强度变化较缓慢。温度较高时多呈团降落。我国很多地区的冬季降水都是以雪的形式出现的。

下雪是我国,特别是北方冬季常见的一种天气现象。下雪有利于净化空气,有益于人们的健康;对农业有"瑞雪兆丰年"。然而,如果雪下的过大,就是暴雪了,它会给人们工作生活带来极大的不便,甚至给生命财产和交通运输带来严重损失。

1. 暴雪的定义

雪量是根据气象观测者,用一定标准的容器,将收集到的雪融化后测量出的量度。气象上对于雪量有严格的规范,一定时间内所降的雪量,有24小时和12小时的不同标准。在天气预报中通常是预报白天或夜间的天气,这主要是指24小时的降雪量,暴雪是指日降雪量(融化成水)大于等于10mm。

2. 降雪的分类

降雪天气现象可分为雨夹雪、雪籽和雪三类,并根据能见度或雪量又可分为小雪、中雪、大雪、暴雪,见表2-19。

表2-19　暴雪等级

等级	能见度(m)	降雪量
小雪	>1000	12小时内降雪量小于1.0mm或24小时内降雪量小于2.5mm
中雪	500～1000	12小时内降雪量1.0～3.0mm或24小时内降雪量2.5～5.0mm或积雪深度达3cm

续表

等级	能见度(m)	降雪量
大雪	100～500	12小时内降雪量3.0～6.0mm或24小时内降雪量5.0～10.0mm或积雪深度达5cm
暴雪	<100	12小时内降雪量大于6.0mm或24小时内降雪量大于10.0mm或积雪深度达8cm

覆盖在陆地和海冰表面的雪层，称之为积雪，亦称雪被或雪盖。积雪是冷圈中分布最广泛、年际变化和季节变化最显著的一员。

3. 雪的形成条件

降雪需要有饱和的水汽条件和凝结核。空气在某一个温度下所能包含的最大水汽量称饱和水汽量。空气达到饱和时的温度称露点。饱和的空气冷却到露点以下的温度时，空气里就有多余的水汽变成水滴或冰晶。因为冰面饱和水汽含量比水面低，所以冰晶生长所要求的水汽饱和程度比水滴低。也就是说，水滴必须在相对湿度(相对湿度是指空气中的实际水汽压与同温度下空气的饱和水汽压的比值)不小于100%时才能增长；冰晶往往相对湿度不足100%时也能增长。例如，空气温度为－20℃时，相对湿度只有80%，冰晶就能增长了。气温越低，冰晶增长所需要的湿度越小。因此，在高空低温环境里，冰晶比水滴更容易产生。

实验证明，如果没有凝结核，空气里的水汽过饱和到相对湿度500%以上的程度，才有可能凝聚成水滴。但这样大的过饱和现象在自然大气里是不会存在的。所以没有凝结核，雨雪很难形成。凝结核是一些悬浮在空中的很微小的固体微粒。最理想的凝结核是那些吸收水分最强的物质微粒，如海盐、硫酸、氮和其他一些化学物质的微粒。

4. 降雪的利与弊

(1)降雪之利

雪有利于农作物的生长发育。因雪的导热性很差，土壤表面盖上一层雪被，可以减少土壤热量的外传，阻挡雪面上寒气的侵入，所以，受雪保护的庄稼可安全过冬。新雪的密度低，贮藏在里面的空气就多，保温作用就显得特别强。老雪的密度高，贮藏在里面的空气少，保温作用就相对弱。积雪还能为农作物储蓄水分。此外，雪还能增强土壤肥力。据测定，每1升雪水里约含氮化物7.5克。雪水渗入土壤，就等于施了一次氮肥。用雪水喂养家畜家禽、灌溉庄稼都可收到明显的效益。

雪对人体健康作用较大。经常用雪水洗澡，不仅能增强皮肤与身体的抵抗力，减少疾病，而且能促进血液循环，增强体质。如果长期饮用洁净的雪水，可益寿延年。雪水中所含的重水比普通水中重水的数量要少1/4。重水能强烈抑制生物的生命过程。实验证明，鱼类在含30%～50%重水的水中很快死亡。雨雪形成最基本的条件是大气中要有"凝结核"存在，而大气中的尘埃、煤粒、矿物质等固体杂质则是最理想的凝结核。如果空气中水汽、温度等气象要素达到一定条件时，水汽就会在这些凝结核周围凝结成雪花。所以，雪花能大量清洗空气中的污染物质。

据测定，一般新雪的密度为0.05～0.10g/cm^3。所以，地面积雪对音波的反射率极低，能吸收大量音波，能为减少噪音作出贡献。

积雪像一条地毯铺盖在大地上，使地面温度不致因冬季的严寒而降得太低。积雪的这种保温作用，是和它本身的特性分不开的。

(2)降雪之弊

图2-30 雪崩

积雪的山坡上，当积雪内部的内聚力抗拒不了它所受的重力拉引时，便向下滑动，引起大量雪体崩塌，这种自然现象称为雪崩(图2-30)。雪崩是一种所有雪山都会有的地表冰雪迁移过程，它们不停地从山体高处借重力作用顺山坡向山下崩塌，崩塌时速度可以达 20～30m/s。随着雪体的不断下降，速度也会突飞猛涨，可达到 97m/s。雪崩具有突然性、运动速度快、破坏力大等特点，能摧毁大片森林，掩埋房舍、交通线路、通信设施和车辆，甚至能堵截河流，发生临时性的涨水。同时，它还能引起山体滑坡、山崩和泥石流等自然灾害。因此，雪崩被人们列为积雪山区的一种严重自然灾害。雪崩常常发生于山地，有些雪崩是在特大雪暴中产生的，但常见的是发生在积雪堆积过厚，超过了山坡面的摩擦阻力而产生的。雪崩的原因之一是在雪堆下面缓慢地形成了深部“白霜”，这是一种冰的六角形杯状晶体，与通常所见的冰碴相似。这种白霜的形成是因为雪粒的蒸发所造成，它们比上部的积雪要松散得多，在地面或下部积雪与上层积雪之间形成一个软弱带，当上部积雪开始顺山坡向下滑动，这个软弱带起着润滑的作用，不仅加速雪下滑的速度，而且还带动周围没有滑动的积雪。

2008 年 2 月初，受冷空气影响，浙江大部分地区降雪，嘉兴市出现出现暴雪。积雪深度除嘉兴外都超过了有气象资料记录以来的极值，最大积雪深度 18～28cm。这次气象灾害具有范围广、强度强、持续时间长、灾害影响重的特点，为 50 年一遇，属历史罕见。这次暴雪对交通、农业、电力和人民生活等方面带来严重影响。据不完全统计，嘉兴市受灾人员达 90 万人，直接经济损失达 6.5 亿元。如图 2-31 所示。

图 2-31　杭州国家观象台积雪情况（左）和暴雪压塌工棚（右）

2008年年初的冰雪灾害，根据杭州市气象局和应急办资料，积雪深度分别达到31cm和27cm，临安、建德、桐庐等局部山区达到40～50cm。杭州电网严重损失，覆冰共导致杭州电网220千伏及以上的4回线路跳闸9次，倒塔8基，10千伏线路倒(断)杆65基、受损37基、断线104处。10千伏线路故障停电累计285条，停电台区累计1501个，累计全停行政村180个、自然村475个。

杭州市农作物受灾面积114.76万亩(成灾面积68.95万亩)。其中，粮油作物受灾面积47.48万亩(成灾面积23.86万亩)，小麦受灾14.96万亩，油菜受灾26.22万亩；经济作物受灾面积54.32万亩(成灾面积24.34万亩)，露地蔬菜受灾22.85万亩，大棚蔬菜受灾4.05万亩，果园受灾19.10万亩；牲畜死亡0.63万头，家禽死亡6.85万头；水产养殖受灾面积0.93万亩，损失水产品157.6吨，生产管理用房和温室大棚毁损9.82万平方米。农业经济总损失达5.86亿元。如图2-32所示。

图2-32　2008年暴雪造成大量毛竹倒伏折断

牧区雪灾亦称白灾，是因长时间大量降雪造成牧区大范围积雪成灾的自然现象。它是中国牧区常发生的一种畜牧气象灾害，主要是指依靠天然草场放牧的畜牧业地区，由于冬半年降雪量过多和积雪过厚，雪层维持时间长，影响畜牧正常放牧活动的一种灾害。对畜牧业的危害主要是积雪掩盖草场且超过一定深度，有的积雪虽不深，但密度较大，或者雪面覆冰形成冰壳，牲畜难以扒开雪层吃草，有时冰壳还易划破羊和马的蹄腕，造成冻伤，致使牲畜瘦弱，常常造成牧畜流产，仔畜成活率低，老弱幼畜饥寒交迫，死亡增多。同时还严重影响甚至破坏交通、通信、输电线路等，对牧民的生命安全和生活造成威胁。雪灾主要发生在稳定积雪地区和不稳定积雪山区，偶尔出现在瞬时积雪地区。中国牧区的雪灾主要发生在内蒙古草原、西北和青藏高原的部分地区。

5. 暴雪预警及相应的防御措施

暴雪预警信号分四级，分别以蓝、黄、橙和红色表示（见表 2-20）。

表 2-20　暴雪预警信号及防御指南

图标	标准	防御指南
	12 小时内降雪量将达 4mm 以上，或者已达 4mm 以上且降雪持续，可能对交通或者农牧业有影响	①政府及有关部门按照职责做好防雪灾和防冻害准备工作； ②交通、铁路、电力、通信等部门应当进行道路、铁路、线路巡查维护，做好道路清扫和积雪融化工作； ③行人注意防寒防滑，驾驶人员小心驾驶，车辆应当采取防滑措施； ④农牧区和种养殖业要储备饲料，做好防雪灾和防冻害准备； ⑤加固棚架等易被雪压的临时搭建物
	12 小时内降雪量将达 6mm 以上，或者已达 6mm 以上且降雪持续，可能对交通或者农牧业有影响	①政府及相关部门按照职责落实防雪灾和防冻害措施； ②交通、铁路、电力、通信等部门应当加强道路、铁路、线路巡查维护，做好道路清扫和积雪融化工作； ③行人注意防寒防滑，驾驶人员小心驾驶，车辆应当采取防滑措施； ④农牧区和种养殖业要备足饲料，做好防雪灾和防冻害准备； ⑤加固棚架等易被雪压的临时搭建物

续表

图标	标准	防御指南
	6小时内降雪量将达10mm以上，或者已达10mm以上且降雪持续，可能或者已经对交通或者农牧业有较大影响	①政府及相关部门按照职责做好防雪灾和防冻害的应急工作； ②交通、铁路、电力、通信等部门应当加强道路、铁路、线路巡查维护，做好道路清扫和积雪融化工作； ③减少不必要的户外活动； ④加固棚架等易被雪压的临时搭建物，将户外牲畜赶入棚圈喂养
	6小时内降雪量将达15mm以上，或者已达15mm以上且降雪持续，可能或者已经对交通或者农牧业有较大影响	①政府及相关部门按照职责做好防雪灾和防冻害的应急和抢险工作； ②必要时停课、停业(除特殊行业外)； ③必要时飞机暂停起降，火车暂停运行，高速公路暂时封闭； ④做好牧区等救灾救济工作

6. 我国暴风雪的特点和分布特征

暴风雪是伴随着强风寒潮出现的暴雪天气，发生的机会并不太多，并且总是伴随着寒潮灾害和大风灾害出现。由于在暴风雪天气中的风、雪、寒潮三种灾害同时肆虐，暴风雪天气所形成的危害特别严重。

暴风雪天气的主要特点是雪大、风猛、降温强、灾害重。暴风雪发生时，狂风裹挟着暴雪，能见度极差，同时气温陡降。天气的猛烈程度远远超过通常的大风寒潮和大雪寒潮，一般其风力≥8级，降雪量≥8mm，降温≥10℃。

2.7 高温灾害

对于高温酷暑天气，老舍先生在《骆驼祥子》中有十分精彩的描述:“太阳刚一出来,地上已像下了火,一些似云飞云,似雾非雾的灰气低低的浮在空中,使人觉得憋气……街上的柳树,像病了似的,叶叶子挂着层灰土在枝上打着卷;枝条一动也懒得动,无精打采的低垂着……”。高温酷暑天气对人们的生活以及工业农业生产有着重大的影响。在夏季,副热带高压控制着我国江南沿海各省,处于一年中最高气温天气最集中的时段。浙江省地处长江下游、东南沿海,每当夏季来临,均会出现高温天气。近几年中,历史上罕见的2003年夏季高温天气,致使南方、江南多省遭到干旱灾害。上海持续高温酷热天气是近50年来最严重的一年,上海持续高温天气使本市用水量激增,医院就诊人数明显增加,交通事故增多,特别是电力供应严重紧张,用电量屡创新高。2003年丽水地区出现了全国最高的气温值。

2.7.1 高温的定义

高温的词义为较高的温度。任何植物和动物的生长都有其适宜的温度范围。如果气温超出了适宜温度的最高值,植物或动物就会因温度过高而部分生理机能丧失而遭受伤害。在不同的情况下所指的具体数值不同,在工作场所指32℃以上,也指当时的气温等于或大于35℃(百叶箱内温度)。

在气象上高温通常指日最高气温达到或超过35℃的天气。日最高气温大于等于35℃时,被称为高温日;连续5天以上的最高气温大于或等于35℃时被称为持续高温;一个月内高温天气超过5天则称该月为高温月。

2.7.2 高温的影响

高温是一种灾害性天气,这种天气会对人们的工作、生活和身体产生不良影响。研究指出,当气温达到30℃～34℃时,人体生理活动开始受到影响,当气温达到35℃以上时,人体的调节功能大减,容易出现疲劳、烦躁等,由于外界气温过高,人体内部代谢失衡,易发生“高温病”:①因体内产生的热量积蓄过多而中暑的“热射病”;②在烈日下曝晒易导致脑膜和大脑充血、出血、水肿等的"日射病";③中暑虚脱的"热痉挛"。同时,高温时期是脑血管病、心脏病和呼吸道等疾病的多发期,死亡率相应增高,特别是老年人。因此,高温时节的保健,尤其是老年人的保健十分重要。

高温环境中,人体要通过蒸发来散失热量,以维持体温的平衡。在人体蒸发(出汗)过程中,盐分随汗液流出而损失,血液浓缩,血色素及红细胞增加,血液黏性增高,心脏血管负担加重,从而引起血压下降,为了维持正常血压,心脏的负担更重。由于皮肤大量排汗,使得肾排出的水分减少,影响了肾功能。高温天气还会影响人的神经活动、运动协调等。人们在炎热的夏季食欲往往不佳,营养摄取量下降导致人体能量平衡出现负值;当气温下降后,人的食欲才会变得旺盛,营养摄取量得以补充气温高时损失的能量。据联合国粮农组织的热量需求委员会调查,当外界气温比标准温度高出 10℃时,人对热量的摄取量减少 5%。可见,人对营养的摄取量也于气温的高低关系很大。由于夏季天气炎热,特别是进入盛夏以后气温高、湿度大、气压低,天气闷热,人们会出现食欲不振、脾胃虚弱、疲乏无力、头昏脑涨等症状。此时,人们应多注意饮食以缓解高温天气给人体带来的不适。营养学专家建议人们高温季节除多吃清淡食物、少吃油腻食物外,也要适当地补充人体所需的营养食品,以维持人体的正常活动。另外,夏季天长夜短,除了搞好防暑降温措施外,还应该注意休息,保证足够的睡眠时间,有条件者应安排一定的午睡时间,才能保持旺盛的精力,以此抵制盛夏高温天气对人体健康的影响。

20 世纪 90 年代以来,全球范围内极端高温热浪天气频繁发生,呈现出强度大、频次高、范围广的特点,部分地区甚至年年都遭受高温热浪的袭击。2011 年 1 月 2 日,世界气象组织(WMO)发布消息称,2010 年是自人类有系统仪器记录以来,全球地表温度最高的一年。中国气象局发布的 2010 年《中国气候公报》显示,2010 年我国年平均气温较常年偏高 0.7℃。而最近几年我国夏季平均最高气温也一直维持在较高的水平(图 2-33)。

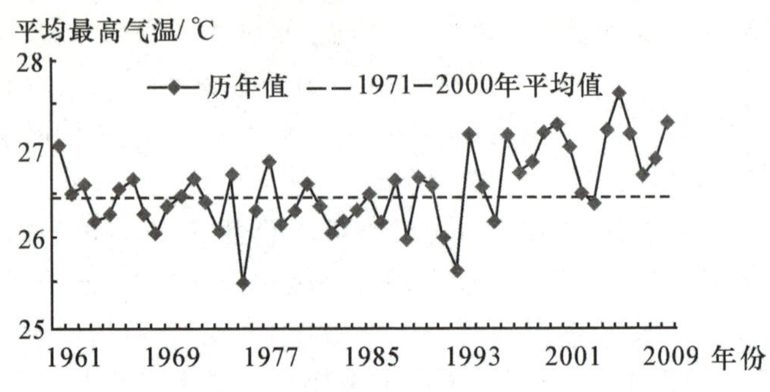

图 2-33　1961—2010 年中国夏季平均最高气温历年变化曲线图

2.7.3　防范措施

(1)保持通风。有空调的也应注意适时通风,不要密闭太久。没有空调更应开窗通风,最好装上小型风扇,既通风又降温。

(2)利用差时。利用早晚较凉段出行,尽量避开中午前后的高温,午间休息,蓄养体力。

(3)补充盐分。夏季出汗多,补充水分时不宜只饮淡开水、茶水或矿泉水,防止“失盐”。

(4)饮食卫生。不食腐败变质食品和不合格的冷饮,防止食物中毒。

(5)保证营养。夏季饮食应多食新鲜蔬菜、豆制品、水果和新鲜蛋品,辅以适量的肉和鱼等,既保证营养,又适合夏季清淡的饮食口味。

(6)充足睡眠。保证足够睡眠时间,有条件者安排一定的午睡时间。

2.7.4　高温预警及相应的防御措施

高温预警信号分三级,以黄、橙和红色表示(见表 2-21)。

表 2-21 高温预警信号及防御指南

图标	标准	防御指南
	连续三天日最高气温将在 35℃以上	①有关部门和单位按照职责做好防暑降温准备工作； ②午后尽量减少户外活动； ③对老、弱、病、幼人群提供防暑降温指导； ④高温条件下作业和白天需要长时间进行户外露天作业的人员应当采取必要的防护措施
	24 小时内最高气温将要升至 37℃以上	①尽量避免午后高温时段的户外活动，对老、弱、病、人群提供防暑降温指导，并采取必要的防护措施； ②有关部门应注意防范因用电量过高，电线、变压器等电力设备负载大而引发火灾； ③户外或者高温条件下的作业人员应当采取必要的防护措施； ④注意作息时间，保证睡眠，必要时准备一些常用的防暑降温药品； ⑤媒体应加强防暑降温保健知识的宣传，各相关部门、单位落实防暑降温保障措施
	24 小时内最高气温将要升到 40℃以上	①有关部门和单位按照职责采取防暑降温应急措施； ②停止户外露天作业(除特殊行业外)； ③对老、弱、病、幼人群采取保护措施； ④有关部门和单位要特别注意防火

2.8 滑坡和泥石流灾害

2.8.1 滑坡灾害

滑坡是指斜坡上的土体或岩体，受河流冲刷、地下水活动、地震及人工切坡等因素影响，在重力作用下沿着一定的软弱面或者软弱带，整体地或者分散地顺坡向下滑动的自然现象。俗称“走山”、“垮山”、“地滑”、“土溜”等。

1. 滑坡的等级与分类

根据滑坡体体积，将滑坡分为 4 个等级：①小型滑坡，滑坡体积小于 $10\times10^4\text{m}^3$；②中型滑坡，滑坡体积为 $10\times10^4\sim10^5\text{m}^3$；(3)大型滑坡，滑坡体积为 $10\times10^5\sim10^6\text{m}^3$；(4)特大型滑坡(巨型滑坡)，滑坡体体积大于 $10\times10^6\text{m}^3$。

根据滑坡的滑动速度，将滑坡分为 4 类：①蠕动型滑坡，肉眼难以看见其运动，只能通过仪器观测才能发现；②慢速滑坡：每天滑动数厘米至数十厘米，肉眼可直接观察到滑坡的活动；③中速滑坡，每小时滑动数十厘米至数米的滑坡；④高速滑坡，每秒滑动数米至数十米的滑坡。

2. 滑坡产生的主要条件

滑坡产生的主要条件是地质与地貌条件，内外营力(动力)和人为作用的影响。

地质与地貌条件与以下 4 个方面相关。

(1)岩土类型。岩土体是产生滑坡的物质基础。一般说，各类岩土都有可能构成滑坡体，其中结构松散、抗剪强度和抗风化能力较低，在水的作用下其性质能发生变化的岩土，如松散覆盖层、黄土、红黏土、页岩、泥岩、煤系地层、凝灰岩、片岩、板岩、千枚岩等及软硬相间的岩层所构成的斜坡易发生滑坡。

(2)地质构造条件。组成斜坡的岩、土体只有被各种构造面切割分离成不连续状态时,才有可能向下滑动。同时,构造面又为降雨等水流进入斜坡提供了通道。故各种节理、裂隙、层面、断层发育的斜坡,特别是当平行和垂直斜坡的陡倾角构造面及顺坡缓倾的构造面发育时,最易发生滑坡。

(3)地形地貌条件。处于一定的地貌部位,具备一定坡度的斜坡,可能发生滑坡。一般江、河、湖(水库)、海、沟的斜坡,前缘开阔的山坡、铁路、公路和工程建筑物的边坡等都是易发生滑坡的地貌部位。坡度大于10°,小于45°,下陡中缓上陡、上部成环状的坡形是产生滑坡的有利地形。

(4)水文地质条件。地下水活动在滑坡形成中起着主要作用。它的作用主要表现在软化岩土,降低岩土体的强度,产生动水压力和孔隙水压力,潜蚀岩土,增大岩土容重,对透水岩层产生浮托力等。尤其是对滑面(带)的软化作用和降低强度的作用最突出。

就内外营力(动力)和人为作用的影响条件而言,在现今地壳运动的地区和人类工程活动的频繁地区是滑坡多发区,外界因素和作用可以使产生滑坡的基本条件发生变化,从而诱发滑坡。主要的诱发因素有地震、降雨和融雪、地表水的冲刷、浸泡、河流等地表水体对斜坡坡脚的不断冲刷;不合理的人类工程活动,如开挖坡脚、坡体上部堆载、爆破、水库蓄(泄)水、矿山开采等,还有如海啸、风暴潮、冻融等作用。

3. 滑坡的危害

滑坡常给工农业生产以及人民生命财产造成巨大损失,甚至是毁灭性的灾难。滑坡对乡村最主要的危害是摧毁农田、房舍、伤害人畜、毁坏森林、道路以及农业机械设施和水利水电设施等,位于城镇的滑坡常常砸塌房屋,伤亡人畜,毁坏田地,摧毁工厂、学校、机关单位等,并毁坏各种设施,造成停电、停水、停工。发生在工矿区的滑坡,可摧毁矿山设施,伤亡职工,毁坏厂房,使矿山停工停产,常常造成重大损失。

2010 年 6 月 17 日晚到 18 日早晨，受梅雨锋上的强对流云团影响，淳安县南部乡镇出现大暴雨天气，枫树岭镇雨量达 262.5mm，大墅镇 106.1mm，致使淳安受灾乡镇共 3 个，受灾人口 3.38 万人，倒塌房屋 71 间，6 人死亡，1 人失踪，共转移 1970 人，直接经济总损失 1.061 亿元；经济作物损失 130.251 万元，农林牧渔业直接经济损失 0.3548 亿元；因灾停产工矿企业 6 个，公路中断 15 条次，供电中断 14 条次，工业交通运输业直接经济损失 0.1705 亿元；堤防损坏 166 处、9.96 千米，堤防决口 128 处、22.2 千米，水利设施直接经济损失 0.492 亿元，如图 2-34 所示。

图 2-34　淳安部分受暴雨影响乡镇山洪暴发、山体滑坡导致房屋倒塌

2.8.2　泥石流灾害

泥石流是山区沟谷中，由暴雨、冰雪融水等水源激发的含有大量的泥沙、石块的特殊洪流。其特征是暴发突然，浑浊的流体沿着陡峻的山沟前推后拥，奔腾咆哮而下，在很短时间内将大量泥沙、石块冲出沟外，在宽阔的堆积区横冲直撞、漫流堆积，常常给人类生命财产造成重大危害。

1. 泥石流的分类

泥石流按其物质成分可分为3类:①由大量黏性土和粒径不等的砂粒、石块组成的叫泥石流;②以黏性土为主,含少量砂粒、石块、黏度大、呈稠泥状的叫泥流;③由水和大小不等的砂粒、石块组成的称之水石流。

泥石流按其物质状态可分为两类:①黏性泥石流,含大量黏性土的泥石流或泥流,特征是黏性大,固体物质占40%~60%,最高达80%。其中的水不是搬运介质,而是组成物质,稠度大,石块呈悬浮状态,暴发突然,持续时间亦短,破坏力大。②稀性泥石流,以水为主要成分,黏性土含量少,固体物质占10%~40%,有很大分散性。水为搬运介质,石块以滚动或跃移方式前进,具有强烈的下切作用。其堆积物在堆积区呈扇状散流,停积后似“石海”。

除此之外还有多种分类方法。如按泥石流的成因分类有水川型泥石流和降雨型泥石流;按泥石流流域大小分类有大型泥石流、中型泥石流和小型泥石流;按泥石流发展阶段分类有发展期泥石流、旺盛期泥石流和衰退期泥石流等。

2. 泥石流形成的基本条件

泥石流的形成必须同时具备以下3个条件:陡峻的便于集水、集物的地形、地貌;丰富的松散物质;短时间内有大量的水源。

(1)地形、地貌条件。在地形上山高沟深,地形陡峻,沟床纵度降大,形状便于水流汇集。泥石流的地貌一般可分为形成区、流通区和堆积区三部分。上游形成区的地形多为三面环山,一面出口的瓢状或漏斗状,地形比较开阔、周围山高坡陡、山体破碎、植被生长不良,这样的地形有利于水和碎屑物质的集中;中游流通区的地形多为狭窄陡深的峡谷,谷床纵坡降大,使泥石流能迅猛直泻;下游堆积区的地形为开阔平坦的山前平原或河谷阶地,使堆积物有堆积场所。

(2)松散物质来源条件。泥石流常发生于地质构造复杂、断裂褶皱发育,新构造活动强烈,地震烈度较高的地区。地表岩石破碎,崩塌、错落、滑坡等不良地质现象明显。这些为泥石流的形成提供了丰富的固体物质来源;另外、岩层结构松散、软弱、易于风化、节理发育、或软硬相间成层的地区,因易受破坏,也能为泥石流提供丰富的碎屑物来源;一些人类工程活动,如滥伐森林造成水土流失,开山采矿、采石弃渣等,往往也为泥石流提供大量的物质来源。

(3)水源条件。水既是泥石流的重要组成部分,又是泥石流的激发条件和搬运介质(动力来源),泥石流的水源,有暴雨、冰雪融水和水库(池)溃决水体等形式。我国泥石流的水源主要是暴雨、长时间的连续降雨等。

3. 泥石流的危害

泥石流具有暴发突然、来势凶猛、迅速的特点,并兼有崩塌、滑坡和洪水破坏的双重作用,其危害程度比单一的崩塌、滑坡和洪水的危害更为广泛和严重。它对人类的危害具体表现在如下 4 个方面。

(1)对居民点的危害。泥石流最常见的危害之一是冲进乡村、城镇,摧毁房屋、工厂、企事业单位及其他场所设施。淹没人畜、毁坏土地,甚至造成村毁人亡的灾难。

(2)对公路、铁路的危害。泥石流可直接埋没车站,铁路、公路,摧毁路基、桥涵等设施,致使交通中断,还可引起正在运行的火车、汽车颠覆,造成重大的人身伤亡事故。有时泥石流汇入河道,引起河道大幅度变迁,间接毁坏公路、铁路及其他构筑物,甚至迫使道路改线,造成巨大的经济损失。

(3)对水利、水电工程的危害。主要是冲毁水电站、引水渠道及过沟建筑物,淤埋水电站尾水渠,并淤积水库、磨蚀坝面等。

(4)对矿山的危害。主要是摧毁矿山及其设施,淤埋矿山坑道、伤害矿山人员、造成停工停产,甚至使矿山报废。

2010 年梅汛期,由于丽水市降水比常年偏多 50.1%,并多次引发明显的洪涝和地质灾害,直接经济损失高达 14.1 亿元。6 月 18 日下午 16 时左右,龙泉市兰巨乡大赛村发生突发性坡面泥石流,造成 5 人死亡,1 人受伤,如图 2-35 所示。

图 2-35 龙泉市兰巨乡大赛村突发性坡面泥石流灾害

2009 年夏季因频繁出现冰雹、雷雨大风、短时强降水等强对流天气,缙云县大源引发的山洪和泥石流灾害,造成 1 死 1 伤和多个村庄房屋被冲毁,直接经济损失 800 多万元,如图 2-36 所示。

图 2-36　8 月 15 日缙云大源泥石流灾害

第3章　灾害信息传递与管理

3.1　灾害信息报送方式

3.1.1　国家自然灾害灾情管理信息系统

2009年6月1日开始，民政部在全国范围正式推广使用网络版国家自然灾害灾情管理信息系统。县级及县级以上的灾情管理人员不需要安装专门的软件，只要具备上网条件，登录指定的网址，便可完成灾情信息的报送和管理工作。该系统采用网页式管理模式，界面简单友好、功能完备、操作流程清晰、安全性和可靠性高，维护方便。灾害信息员应熟练掌握该系统的使用方法。详情参阅国家民政部编印的《灾害信息员四级、五级技能》教程。

3.1.2　其他报灾方式

根据《乡（镇、街道）、村（社区居委会）自然灾害情况统计规程》规定，在村（社区居委会）工作的灾害信息员向乡镇（街道）报送灾情时，有条件的应以传真或电子邮件上报；条件不具备的，可采用电话或其他方式报告，电话报告时应做好电话记录备案。乡镇（街道）向县（市、区）上报灾情时，一律以传真或电子邮件上报；特殊情况下，可采用电话或其他方式。

3.2 灾害信息传递

3.2.1 灾害信息传递的概念和作用

1. 灾害信息传递的概念

信息传递是指人们通过声音、文字或图像等相互沟通消息。灾害信息传递是贯穿灾害管理全过程的重要环节，是灾害信息员的基本职责之一，即通过向灾害风险地区传递灾害预警信息、灾害救助信息以及传播防灾减灾知识，最大限度减轻灾害损失，提高救助成效，同时也是及时向上级部门传递灾害区的灾情情况和救灾情况。

2. 灾害信息报送的基本原则

灾害信息员要坚持事实就是的原则，快速、全面、准确地报送灾情。

(1)灾害信息传递主要是向基层传和向上级部门递灾害预警信息。

(2)灾害信息传递是指灾害信息人员传递灾害信息。

(3)及时向灾害高风险地区传递灾害预警信息，有利于及时采取避灾行动，减轻灾害损失。

3. 灾害信息传递的作用

在防灾、减灾和救灾行动中，信息传递占据十分重要的位置。在灾害管理的不同阶段，信息传递具有不同的作用。

(1)传递灾害预警信息。当灾害来临时，利用气象、水文、遥感、遥测等先进观测和监测技术手段，迅速获得灾害预警信息，并尽快地传递给各级政府及涉灾管理部门以及受灾害威胁的城乡居民，以便及时采取防灾和避灾措施，提高及时响应能力，提高灾害救援效果，就可以大大减轻自然灾害的危害，最大限度减少灾害造成的人员伤亡和经济损失。

(2)传递减灾信息,传播减灾知识。广播、电视、报刊、网络等是重要的信息传播媒介,利用这些媒体,以及及时获取的气象等部门的预警、预报信息资料,可向人们传播、介绍防灾、减灾知识,提高人们的防灾、减灾意识,增强人们的灾害来临时的自我保护能力和自救互救知识,减少灾害隐患。

(3)传递灾害救助信息。自然灾害一旦发生,对受灾地区的经济、社会、行政系统都会造成重大或不同程度的破坏,对社会心理也会产生一定的冲击。因此,及时向受灾地区传递灾害救助信息,有利于迅速稳定社会秩序、缓解群众情绪,为救灾工作创造有利条件。这些信息包括:上级部门的抗灾救灾方针、政策和具体部署,政府部门、军队、消防、公安等部门采取的紧急救援行动,被围困、伤亡人员的解救处置,公共设施、房屋、校舍的抢修,抢险救援人员和受灾群众参与救援、实施转移等的组织、协调,救灾资金和物资的供应,疫病预防的动员和组织,受灾群众慰问和生活安置,灾害救助和恢复重建政策的实施等等。上述信息几乎涉及灾害应急响应和救援的所有关键环节,建立畅通的信息传递渠道,对于稳定人心、恢复秩序、有序组织开展救灾行动极为重要。

案例3-1:仙居县安岭乡"8·15"暴雨

仙居县安岭乡平均海拔500米,是地质灾害、旱灾、洪涝灾多发地区。2009年8月15日14时,安岭乡骤降大暴雨伴有雷电发生,在短短的一个半小时中,降雨量达186mm,顿时引发山洪。14时许,乡党政负责人接到了乡值班干部关于安岭乡突降大暴雨的情况报告后,果断处置:即时启动安岭乡、村两级《自然灾害救助应急预案》;要求有地质灾害隐患且受灾严重村,按照预案将村民全部转移,实行集中和分散安置;要求值班人员立即用手机短信通知全体机关工作人员以最快的速度返回安岭参加抢险救灾工作;同时立即组成四个抢险救灾指导组,一个后勤物资保障组和一个应急抢险组,火速下村进点工作。这些决定在五分钟内传达到23个村的村两委成员、各村抢险队队员和相关责任人员，十分钟内全线展开行动，为实现不死人、少伤人的目标赢得了宝贵时间。同时，乡党委、政府及时向县委、县政府领导汇报，请求上级支持。县委组成交通、水利、卫生、电力、公安和消防部门的负责人连夜赶往安岭，组织指挥抢险救灾工作。暴雨造成了部分地段山体滑坡，全乡23个行政村普遍受灾，受灾人口一时达到6200人，房屋倒塌35间(其中居民住房33间)，紧急转移了554人，无一人伤亡；累计被毁路面19.5千米、灌溉主渠道3190米，防洪堤850米，拦水坝8条，山塘两口，农作物受损面积550公顷，造成直接经济损失1050万元。

安岭乡、村两级《自然灾害应急预案》中保障物资到位，有乡避灾中心和村避灾点。由于安岭地处地质灾害、旱灾、洪涝灾高发地区，乡党委、政府每年都高度重视预案演练。通过演练，乡、村二级预案为广大干部、群众所熟悉，灾害发生后，乡党委、政府即时启动应急预案，有关工作人员、村级组织按照预案有条不紊地组织转移，及时展开救灾工作。“8.15”安岭乡554名受灾群众仅半个小时就安全快速得到转移。安岭乡、村两级干部在总结此次抢险工作的经验时，深有感触地说：要是没有应急预案、没有避灾场所和没有反复演练，一旦遇有重大灾情，就非抓瞎不可；要是灾情严重的徐村、金坑口村、下里村和金岙村晚半个小时组织撤离，伴随着强降雨带来的山洪暴发和大面积的山体滑坡，后果不堪设想，可能发生重大人员伤亡。

8月15日灾民转移至避灾点后发现，由于灾情发生突然、转移灾民过多，避灾点准备的草席、棉被、床铺和必需的食品不能满足灾民需求，县民政局立即组织力量，将草席，棉被和大量的矿泉水、方便面等物资连夜送至安岭乡两避灾点，同时组织救灾工作组连夜赶赴安岭乡指导救灾工作，并及时给安岭乡下拨了15万元应急救灾款，以解灾民的燃眉之急。

案例3-2:2010年龙泉市梅汛特大暴雨抗灾过程

2010年6月17日起，浙江省进入梅雨期，龙泉市也普降大暴雨，局部特大暴雨。6月16日8时至6月22日8时龙泉市平均降雨量407mm，过程降雨量超过400mm的雨量站有16个，其中宝溪青井站过程降雨达800mm，过程降雨量为全省之最。因短历时强降雨频发，造成小流域山洪暴发，龙泉市城区水位接近警戒水位，山塘水库均已溢洪。城北、岩樟等小支流洪水频率已接近50年一遇。

暴雨造成龙泉市19个乡镇(街道)受灾，其中宝溪、兰巨、锦溪、城北、岩樟等乡镇(街道)受灾严重。据统计，龙泉市共有受灾人口12.9万人，因灾死亡5人，受伤1人，紧急转移人口1.65万人次；倒塌房屋439间，损坏房屋2870间；农作物受灾面积2.5745千公顷，成灾面积1.9857千公顷，绝收面积0.603千公顷；食用菌棒受损1680万余段；工矿企业停产181家，2条省道线、13条县道公路中断，乡村康庄道路倒塌800余处，损坏输电线路10条次28.6千米、通信线路16.8千米；堤防损坏381处26.3千米，决口365处13.95千米，损坏护岸289处，灌溉设施损坏317处，损坏水文设施1处，3座水电站进水。水利设施损失3251万元。各项直接经济损失2.4602亿元。

灾害发生后，省、市、县三级民政部门迅速启动预案，浙江省民政厅在灾害发生当天召开紧急会议，迅速派出工作组赶赴灾区第一线指导、帮助群众开展抗灾救灾及查灾核灾工作。浙江省民政厅、财政厅迅速下拨430万元救灾资金。

6月18日，龙泉市防指启动防汛Ⅱ级应急响应，19日提高到Ⅰ级响应，同时，龙泉市气象台发出暴雨红色预警信号。19日龙泉市委两次召开防汛抢险救灾工作视频会，21日，龙泉市政府又召开防汛紧急会议，对救灾工作作出部署。在排查山塘水库、地质灾害隐患点、学校、景区、简易工棚等重点部位的基础，落实人员对沿水、靠山等可能引发灾害的部位及康庄工程进行巡查排摸。龙泉全市共有1万多名干部奋战在抗洪抢险救灾第一线。龙泉市民政局第一时间组织抗灾救灾人员奔赴灾区抗灾抢险，全力组织做好灾情统计和灾民生活救助工作。紧急下拨救灾500万元应急资金，启动32个避灾场所，通过集中安置与投亲靠友的方式，及时转移安置受灾群众。从救灾仓库调运大批物资、食品等救灾物资送往灾区，组织乡镇工作人员有序发放，确保了灾区灾民有饭吃、有房住、有衣穿、有干净水喝、有伤及时救治。同时，民政部门还与有关乡、镇人民政府街道办事处一起妥善安置因灾死亡人员家属及善后处理工作，对因灾死亡人员家属每户补助2万元。灾情稳定后，县民政局立即组织人力核定灾情，按时上报，为救灾工作提供了翔实的依据。通过逐户核查，确定倒房需重建家庭90户，并在12月底前全部完成恢复重建工作。

以上案例我们看到，在灾害来临前和来临时，及时、果断、有序应对自然灾害具有很好的防御效果。

3.2.2 灾害信息传递的基本内容

灾害信息传递是一种自上而下的信息传递手段，主要包括三大类内容，即预警信息、救助信息和减灾信息，具体包含以下几方面的内容。

1. 预报预警信息

灾害发生前连续不断发布的预测、预报和预警信息。包括对灾害前兆、发生时间、发生范围、发展趋势等方面的测报以及灾害损失的预评估信息，各类灾害信息的宣传、发布等。

案例3-3：建德市钦堂乡山体滑坡

2008年8月9日，受台风“莫拉克”影响，建德市钦堂乡累计雨量达到118mm。9日夜晚，该乡谢田村相继接到气象部门的4级、5级预警信号，村干部及时组织李家山滑坡点附近的7户农户和凉坑滑坡点的8户农户撤离，同时加强巡查监测。次日清晨，该村2个滑坡点发生山体滑坡，导致2户民房倒塌，部分房屋受损，虽然遭受部分财产损失，但无人员伤亡。如果不及时转移群众，将直接导致人员伤亡。

案例3-4：建德市乾潭镇山体滑坡

2008年8月13日18—23时，建德市乾潭镇安仁村的上游5小时降雨182mm雨量，短时内形成了特大暴雨。19时，安仁村接到气象部门的4级预警信号，及时组织具有地质隐患点附近农户撤离，同时加强巡查监测。次日凌晨，该村2个自然村、4个滑坡点发生山体滑坡，导致5间民房倒塌，部分房屋、财产受损，但无人员伤亡。如果不及时转移群众，将直接导致人员伤亡。

通过以上案例可知，及时获取预报预警信息，及时采取应对措施，确保隐患地点的安全是避免人员伤亡和减轻财产损失的重要方法。

2. 防御信息

针对灾害预警而提出的灾害防御措施。包括交通、能源、电力、通信、校舍、房屋、排洪等公共设施的加固维修；车辆、燃油、钢材、食品、化肥等物资以及资金的准备；人员、牲畜等的疏散、迁移；思想动员和教育宣传等。

3. 抗灾信息

灾害发生时国家、社会组织或个人采取的抗御行动，包括被围困人员、伤亡人员的解救处置；被毁公共设施、房屋、校舍等的抢修；受灾作物、林木的恢复抢救；抢险救援人员和群众的协调和组织；地面、空中的救援等。

4. 救灾信息

灾害发生后采取的救助和恢复措施，包括受灾群众生活救助、临时安置；电力、能源、交通等生命线工种的修复；民房、校舍和工矿企业的重建；农田、作物、林木的恢复和管理；救灾资金和物资的供应；疫病的预防等。

5. 援助信息

指非灾区政府、社会组织或个人对灾区的支援和帮助。

3.2.3　灾害信息传递的渠道和方式

1. 常规信息传递渠道

常规信息传递渠道主要如下。

(1)广播、电视、报纸、杂志。在信息传播上,这些媒介具有传播速度快、受众广泛、覆盖面广、公信力强的特点。利用这些媒介,可以向群众传播大量防灾减灾知识,并收到很好的效果。但目前,少数贫困山区至今还收不到电视,报纸的发行面有限等,因此,还存在信息传送的"死角",需要用其他手段加以弥补。

(2)科普读物、宣传栏、公益广告、标语、展板、传单、挂图。作为大众传播媒介,这些信息传播途径往往遍及社会生活的各个角落,贴近人们的生活,形式多样,方法灵活,丰富多彩,寓教于乐,因而十分适合进行防灾减灾知识的宣传和普及。在社区减灾工作中,有效利用上述媒介可以达到很好的信息传递效果。如添置防灾减灾图书资料,免费发放包括消防使用手册、居家安全常识、火灾防范常识等防灾减灾宣传资料,举办防灾减灾知识讲座,设立社区防灾减灾宣传栏、永久性宣传标牌和宣传展板,开展知识竞赛等。通过多样化的传播途径,可以使防灾减灾教育做到家喻户晓、妇孺皆知,使防灾减灾理念、意识和知识深入人心,走进每一户家庭。

(3)课堂教学。课堂教学是主要面向中小学生的重要宣传和教育形式,是强化防灾减灾基础教育的重要手段。基础教育普及面广,是一切教育的基石,关系到未来一代的基本素质。

(4)手机短信。手机短信具有不受时间和地点差异影响、易于群发、实时送达的特点,是灾害信息,尤其是气象灾害的预警预报传递的重要手段和途径。

(5)网络。网络是现代信息技术高度发达的产物,特别是互联网,借助其高效、快捷的特点,进行防灾减灾教育,是一种很好的方式。

2. 应急信息传递渠道

应急信息传递渠道，是指在应急条件或状态下，常规信息传递手段失灵或不便于使用的情况下，为迅速传递灾害信息而采取的应急手段。

(1)现代通信手段。卫星通信是未来全球信息高速公路的重要组成部分，其主要优点：①通信范围大，只要卫星发射的波束覆盖的范围均可进行通信；②不易受陆地灾害影响；③建设速度快；④易于实现广播和多址通信；⑤电路和话务量可灵活调整；⑥同一信道可用于不同方向和不同区域。其主要功能是填补现有通信(有线通信、无线通信)终端无法覆盖的区域，为人们的工作提供更为健全的服务。北斗一号工程是我国自行研制开发的新型卫星导航定位系统，同时兼有保密报文通信和授时功能。

(2)传统信息传递手段。在极端情况下，传统甚至原始的徒步、口口相传、敲锣打鼓、吹口哨、放鞭炮、扩声器电话、收音机等信息传递手段仍然无法取代，特别是与互联网等手段相结合，在传递灾害信息、稳定灾区社会秩序方面，仍能发挥重要作用。

3.2.4 灾害信息传递对信息人员的基本要求

1. 了解一般灾害规律

作为一名灾害信息人员，应当具备基本的灾害学知识，对灾害的可预见性、地域性、滞后性、连锁性、广泛性和社会性有一定程度的了解和掌握，只有具备这些基本知识，才能对灾害信息产生高度的敏感性，把握信息传递的时机和效果。

2. 具备多方面知识

在灾害信息的传递过程中，灾害信息人员面对的情况往往十分复杂，既有灾害信息的不确定性，也有应急状态下诸多情况不明的问题，因此，丰富的知识背景和经验，有助于提高信息传递的成效。这些知识涉及自然科学、社会科学以及对经济、政治等的基本了解，同时，还要具备一定的社会心理学知识，掌握沟通的技巧，善于和信息接受人进行沟通和交流。

3. 掌握灾害救助政策

灾害信息传递的重要内容之一就是宣传灾害救助政策，协助开展救助行动，维护灾区社会秩序。因此，掌握灾害救助政策，把握救助的对象、标准、程序，是传递信息的基本要求。

4. 重视媒体的传播作用

媒体的报道会影响公众的态度、情绪和行为。在危机状态下，对媒体有效的管理和正确的利用，可以缓和公众的恐慌，防止公众不理性的行为。反之，则可能产生不必要的恐慌，加剧危机事态，产生严重后果。因此，在灾害信息传递中，灾害信息人员必须高度重视媒体的作用，加强与媒体的沟通，一般的做法是设立发言人，随时通报灾害信息。

3.3 灾害信息资料归档

3.3.1 灾害信息资料归档的意义

灾害信息资料归档是灾害管理的重要内容之一，目的是对灾害管理过程中产生的信息资料和信息资源进行分类、整理、储存，确保信息资料的完整、真实、规范和安全，以备检索和利用。它既是档案管理中的重要概念，也属于信息管理的范畴。

1. 灾害信息资源

信息资源是过去和现在的国家机构、社会组织和个人在社会活动中形成的对国家和社会有保存价值的各类信息的总和。

灾害信息资源是灾害管理过程中所涉及的一切文件、资料、图表和数据等信息的总称。它涉及灾害管理过程中所产生、获取、处理、存储、传输和使用的一切信息资源，贯穿于灾害管理的全过程。因此，对灾害信息资源的归档和利用，应当贯穿于灾害信息管理的全过程，对于灾害管理而言具有极为重要的意义。

2. 灾害信息资源的归档

对灾害信息资源的归档，包括如下过程：

(1)收集。信息资源的收集是归档的重要环节。收集灾害信息，就是要在所有涉及灾害管理的海量信息中进行寻觅和筛选。寻觅是寻求收集信息以获得信息量；筛选，是在浩瀚的信息中选出有保存和使用价值的信息。所有有关灾害信息的基础数据、法规文档、典型案例、音像资料等，都是原始材料，只要有使用价值，都要收集。

(2)整理，是对档案信息按一定原则组合排列，使其井然有序，整理好的资料，要及时录入数据库，由数据库加工和存储。系统整理灾情资料，掌握灾害规律，使分散的灾情资料上升为条理化、规律化的信息，有助于提高灾害档案信息的利用价值。

(3)利用。对信息资源的利用，包括提出和加工。所谓提出，是根据客观需要按类显示档案信息；加工，是对有关档案信息进行提炼，提出有用信息。

3.3.2 灾害信息资料归档方法

1. 识别灾害信息资料价值

灾害信息资源种类繁杂，形式多样，往往覆盖不同学科、不同领域、不同地域、不同语言、不同介质、不同来源。因此，有意识、有目的地进行价值识别，对于资料归档极为重要。

识别灾害信息资料价值，可以从多角度、多视角来分析。

(1)史料价值。在编纂史志资料时，已经发生的灾害事件是重点收集的内容，必须要客观真实地记载。

(2)研究价值。涉及灾害事件的成因、背景、过程、影响等各类信息，都具有重要的研究价值。

(3)参考价值。在灾害管理实践中所需要的数据比对、案例参考等。

2. 对灾害信息档案资料进行准确分类

在灾害管理中，需要归档的资料大致可分为以下类型。

(1)灾害预测预报信息、资料、报告。所有涉及灾害事件的预警、预报信息资料，这些资料对还原灾害发生情境，分析灾害事件成因，研究灾害发生趋势，都极为重要。

(2)有关救援阶段的资料、信息、报告。灾害救援阶段，往往是政府部门、社会组织集中人力、物力，全面动员、全民参与的阶段，这一阶段的信息资料，是集中反映灾害救助能力的重要标志。

(3)非政府组织和个人提供的各类信息、报告。各类非政府组织和个人在灾害救助中发挥的作用越来越重要，已经成为重要的信息资源。

(4)灾情数据(核报数据、评估数据)。在灾害救援过程中，只有核报数据、评估数据才能最终反映受灾现场的真实状况。

(5)新闻媒体和互联网络的相关信息。随着灾害事件愈来愈成为公众关注的焦点，新闻媒体对于灾害信息的关注度也越来越高，因而媒体记录的信息也成为灾害信息资源。同样，以互联网几乎无所不在的触角，对灾害信息的各个角度的记录也成为重要的灾害信息资源。

(6)历史文献、记录、研究资料。此类信息资料往往经过重新整理，但仍然易于区分。

3.3.3 灾害信息资料的分类归档

1. 纸质文档分类归档

在所有灾害信息资源中，纸质文本资料是最为常见的信息资源，其基本特点是数量大、类型多、格式不统一。归档的文本资料应注意以下几点。

(1)必须齐全、完整、分类清楚、层次分明,保持各文本资料之间的历史联系,符合其形成规律。

(2)归档的材料必须准确地反映各项工作的真实内容和全过程。

(3)归档材料要经过整理,分类清楚。

(4)归档材料要逐步电子文档化,以便于计算机检索利用。

2. 电子文档的分类归档

纸质档案的载体较为稳定安全,电子文件的载体稳定性差,易损坏,因此归档方式的选择至关重要。为防止数据丢失,可以采取以下办法。

(1)制作多份备份盘存档。这一办法工作量较大,同时需要较多的存贮磁盘。

(2)采用网络移交归档,并利用光盘存贮,是一种简便而安全的方式。

电子文档归档还应注意以下原则。

(1)为保证电子档案的可利用性,从电子文件形成就应有严格的管理制度和技术措施,确保其信息的真实性、安全性和完整性。

(2)进行归档时,必须将电子文件与相应的纸质文件等硬拷贝一并归档。具有保存价值的电子文件,必须适时生成纸质文件等硬拷贝。

(3)保存与纸质等文件内容相同的电子文件时,要与纸质等文件之间,相互建立准确、可靠的标志关系。

(4)在"无纸化"计算机办公系统中产生的电子文档,应采取更严格的安全措施,保证电子文档不被非正常改动。同时必须随时备份,存储于能够脱机保存的载体上,并对有档案价值的电子文件制作纸质或缩微胶片拷贝件保留。

3. 声像档案的分类归档

近年来,声像资料的采集归档越来越得到重视。采集和归档灾害管理过程中产生的声像资料,应掌握以下原则。

(1)对有关声像资料及时进行加工、整理、归档,并妥善保管。对散放在个人手中的声像资料,符合归档条件的,要及时检查、清理、采集或移交。

(2)声像采集归档工作要保证质量,做到音质、图像清晰,内容完整,能够真实反映情况。移交归档的声像资料应有时间、地点、人物、活动内容等文字说明。

(3)用音频设备获得的文件,收集时应注意收集其属性标志和相关软件。用视频设备获得的动态图像文件,收集时应注意收集其压缩算法和软件。由计算机多媒体技术制作的文件,其中包含前面所示的两种以上的信息形式,收集时应注意参数准确、数据完整。用扫描仪等设备获得的图像电子文件,如果采用非标准压缩算法,则应将相关软件一并收集。用计算机辅助设计或绘图等获得的图形电子文件,收集时应注意其对设备的依赖性,以及易修改性等问题,不可遗漏相关软件和各种数据。

4. 数据资料的分类归档

对于灾害信息数据资料,最基本、最有效的归档方法就是建设灾害信息数据库。具体可参照以下方法。

(1)研究、选择、制订统一的系统体系结构、数据格式和相关技术标准,使其具有经济性、稳定性、兼容性、易普及性。

(2)用CD或DVD光盘作为数据电子归档文件的主要存储介质;对刻录的光盘,应当在盘面标明读写设备类型和软件版本号以及配置等信息。

(3)密切关注设备、软件及介质的发展动态与趋势,适时完成存储介质与数据格式的转换、更新和维护等工作。

3.3.4 灾害信息资料的检索和利用

1. 灾害信息资料的检索

按照档案管理的基本方法,对归档灾害信息资料的检索可以通过以下途径实现:①按发文单位检索;②按标题关键词检索;③按文号检索;④按成文日期检索;⑤按编著者或责任者检索。

上述检索方式可以用人工的方法,也可以通过计算机实现,这取决于档案资料的存储介质和使用方法。

2. 灾害信息资料的利用

在灾害管理过程中,针对灾害信息资料,可以实现诸如灾害趋势分析、灾害损失评估、制订灾后恢复重建计划,制订减灾规划等各类应用。

3.3.5 灾害信息资料归档中应注意的问题

1. 注意灾害信息资料的广泛性特点,避免遗漏

就灾害本身而言,包括致灾因子、承灾体和孕灾环境的各类信息。就灾害救助而言,包括经济社会背景、灾后恢复重建、综合减灾规划等各方面信息。因此,在灾害信息资料归档时,应当具备多学科的知识和经验,注意灾害信息的广泛性特点,避免遗漏,尽可能全面地保存灾害信息。

2. 注意灾害信息资料来源的复杂性,注意甄别

相关灾害信息的来源具有多渠道、多角度、混杂性的特征,特别是在互联网日益普及的情况下,信息发布和传播难以有效控制,往往充斥大量伪信息,要注意甄别。

3. 注意电子文档的易损性,注意备份

在灾害管理特别是信息管理的过程中,随着工作的发展,总会产生大量相关电子文档,这些文档对灾害管理工作而言是很重要的资源。然而,重要的电子文档很难得到有效的保护,各部门间难以协同办公,重新开发利用知识资源十分困难。因此,重视电子文档的易损性,加强对电子文档的管理,建立经常化的备份制度,是灾害信息数据归档工作的重要一环。

第4章　现场灾害信息评估

自然灾害发生时，灾害信息员要及时收集有关灾害的各种信息，对自然灾害所造成的损失、应急救助、紧急转移等灾害现场信息开展调查、统计，分析和评估灾害损失情况、判断灾害的影响程度、确定应急救助的基本内容，为防灾减灾、抗灾救灾决策提供依据，这就是现场灾害信息评估。现场灾害信息评估是基层灾害信息员的一项重要的工作内容，也是灾害信息员必须具备的一项基本技能。

具体来说，现场灾害信息评估包括灾害损失评估、应急救助评估和紧急转移与安置需求评估三个方面。

4.1　灾害损失评估

自然灾害所造成的直接损失可以分为人员伤亡和财产损失两大类。为方便评估，可将财产损失进一步细化为房屋倒损、农业损失、家庭财产损失三个方面。

4.1.1　人员伤亡情况评估

因灾伤亡人员分为因灾死亡人口、因灾失踪人口和因灾伤病人口三种情况来进行评估。分别统计因灾死亡、失踪、伤病的人口数量及其具体信息。

(1)因灾死亡人口：指以自然灾害为直接原因导致死亡的人口数量(含非常住人口)。

(2)因灾失踪人口:指以自然灾害为直接原因导致失踪的人口数量(含非常住人口)。

(3)因灾伤病人口:指以自然灾害为直接原因导致伤病的人口数量(含非常住人口)。

1. 因灾死亡人口评估

(1)因灾死亡的界定。从死亡时间上分析,只有在灾害事故发生过程中或之后出现的死亡,才有可能是因灾死亡。从死亡原因上分析,必须是以自然灾害直接作用导致的人员死亡,才能认定是因灾死亡。一般情况下,对因自然灾害引发的次生灾害直接导致的死亡,如台风导致的洪涝直接引发人员死亡,也要认定为因灾死亡。注意,转移安置途中出现的死亡、防汛抢险工作中出现的死亡,不能认定为因灾死亡。

(2)因灾死亡的原因分类。在进行因灾死亡人口的评估时,要根据在自然灾害中经常出现的死亡原因进行分类,并记录,常见的有以下几类。

①建筑物倒塌,指房屋和构建物两大类建筑物因灾倒塌致人死亡。房屋是指供人居住、工作、学习、生产、经营、娱乐、储藏物品以及进行其他社会活动的工程建筑。构建物指房屋以外的工程建筑,如围墙、水坝、隧道、水塔、桥梁、烟囱、广告牌等。

②溺水,指人淹没于水中致死,包括直接落水致死和因洪水卷走等外在因素致死。

③石岩坍塌,指岩石土体脱离山体母体滑动、崩落、滚动直接致人死亡。

④泥石流掩埋,指含有大量泥沙石块的黏稠泥浆直接掩埋致人死亡。

⑤雷击,指雷电直接击中或引起导电物体放电致人死亡。

⑥其他,除上述原因之外的其他因灾致人死亡的原因。

(3)因灾死亡的一般处理程序。

①登记造册。对死亡人员进行登记,同时登记死者的一些相关

信息，包括性别、大致年龄、身高、衣着、比较明显的身体特征如疤痕、死亡地点等。

②调查确认身份。按照属地管理原则，逐个调查核实死者情况，确认死亡人员的真实身份，如姓名、性别、年龄、民族、家庭住址、户口所在地等，如不能确认死者的身份，必须要尽可能详细的记录其相关信息。

③分析死因和基本特征。调查、询问死者亲属和相关知情者，掌握每个死者准确的死亡时间和死亡经过，尤其要分析导致其死亡的直接和间接原因，界定其是否是因灾死亡。

④上报死亡人员信息，对界定是因灾死亡的，及时制作《因灾死亡人口台账》，将死亡人员信息通过《因灾死亡人口台账》逐级上报各级民政部门。

⑤善后处置，对因灾死亡人员，要由亲属或当地政府协助，尽快处理善后事宜，并按照国家政策对死者亲属进行赔偿或补偿，对家属进行抚慰，对暂时无法找到尸源的死者，要对遗体进行妥善处置。

(4)《因灾死亡人口台账》。

《因灾死亡人口台账》是指用于记录统计因灾死亡人员相关信息的名册，其主要内容包括因灾死亡人口的姓名、性别、年龄、民族、户口所在地、死亡时间、死亡地点、死亡原因、受灾种类等。

在填报《因灾死亡人口台账》时，必须坚持“全面准确、快速及时”的原则。因灾死亡人口在核准以后，一定要严格按照台账要求逐项准确填写，并与灾情快报表一起及时上报上级民政部门。其次要坚持“区别对待、分类填写”的原则，对因灾死亡情况，台账中全部内容都要填写。

2. 因灾失踪人口评估

因灾失踪人口是指以自然灾害为直接原因导致的下落不明，暂时无法确认其是否死亡的人口数量(含非常住人口)。

(1)因灾失踪人口的界定。界定因灾失踪人口要严格根据以下三点来确定。①必须是灾害发生过程中或之后出现的失踪现象；②必须是以自然灾害为直接原因导致的失踪现象；③必须是暂时无法确认死亡与否。

(2)因灾失踪情况的一般处理程序。

①按照属地管理的原则，准确掌握每位失踪人员失踪前的基本情况和特征，如姓名、性别、年龄、民族、家庭住址、户口所在地、身高及其他体貌特征等，并登记造册。

②详细了解失踪人员失踪时的相关信息，如失踪的时间、失踪的原因、失踪的地点、失踪时的衣着等。

③加大灾害现场的搜救力度，适时扩大搜寻范围，在灾害现场和附近可疑失踪区域均未发现失踪人员，则初步认定为已失踪。

④将因灾失踪人员的信息填入《因灾死亡人员台账》，在备注栏注明“失踪”，及时上报上级民政部门。对于因灾失踪人员的信息，必须要按照《因灾死亡人口台账》的要求，逐项填写，并将其失踪前的各项体貌特征填入台账，以备比对。

3. 因灾伤病人口评估

因灾伤病的界定，要根据以下条件来界定。

(1)必须是自然灾害发生过程中或灾害发生之后出现的伤病现象。

(2)必须是以自然灾害作为直接原因导致的受伤或引发的疾病现象。

(3)必须是伤病比较重的人员，包括需要住院治疗的伤病、需要手术治疗的伤病、部分或全部丧失功能的伤病、临时或长期影响功能发挥的伤病、患传染性比较强的疾病等。一些肢体轻微外伤、感冒发烧、皮肤病等轻微伤病人口不得计入因灾伤病人口。

4.1.2 房屋倒损情况评估

1. 房屋倒损情况评估的主要内容

(1)评估统计房屋倒塌和损坏的总体情况，包括居民住房倒塌和损坏的情况。

(2)评估居民住房受灾分类情况，即房屋全倒户、房屋部分倒塌户、严重损房户、一般损房户等，为临时住所的应急救助提供依据。

(3)评估倒塌房屋和损坏房屋的价值损失，即倒塌房屋的经济损失、损坏房屋的经济损失。

(4)评估受灾群众倒房灾后恢复重建的规模和任务，为恢复重建决策提供依据。

2. 倒塌房屋和损坏房屋数量评估方法

(1)在灾后发生发展过程中，可以先核查一个样本点的房屋损毁率和家庭平均拥有的房屋数量，再根据该地区的家庭户数，得出本地区房屋倒损情况的初步结论，及时上报。

案例4-1:台风评估报告

台风灾区为欠发达地区，竹草、竹木、土木、土坯结构房屋比例大，房屋倒损严重。根据2009年1%抽样调查的房屋建筑物结构统计数据，估算此次台风导致倒塌房屋________间，损坏房屋________间(详见列表)。

据统计，灾区木竹草、土坯结构房屋约占房屋总数50%，该结构房屋占倒损房屋总量75%～80%。……

(2)灾情稳定后，逐户调查、核实房屋倒塌、损毁情况，登记造册，建立台账，上报上级民政部门。

3. 倒塌房屋和损坏房屋价值损失评估标准

(1)评估的原则。①倒塌房屋的价值损失为建造该房屋的成本或重置该房屋的成本；损坏的房屋的价值损失为修复的费用。②以目前市场价为价值评估标准，并考虑房屋的折旧。

(2)评估的方法——计算公式。

倒塌房屋价值损失(元)＝建造或重置房屋所需费用(元)×(1－折旧率)

损坏房屋价值损失(元)＝建造或重置房屋所需费用(元)×(1－

折旧率)×损毁率

损坏房屋价值损失(元)=修复并使该损坏房屋恢复正常使用的费用

必须注意的事项:①建造或重置房屋所需费用要按照近三年来市场房屋建筑价或重置价的平均值来计算;②折旧率要根据房屋的结构类型、正常使用寿命和实际使用年限来确定;③损毁率要根据房屋的损坏程度来确定,可根据房屋各单间的损坏情况单独确定。

一般情况下,折旧率可按表4-1标准来确定。

表4-1 折旧率标准

房屋类型	按使用年限估算折旧率		
	1~10年	10~30年	30年以上
木房	20%	50%	70%
砖木结构	20%	40%	60%
砖混结构	20%	40%	50%
框架结构	10%	30%	50%

案例4-2:房屋倒损情况评估

受灾户张某家1997年投入6万元修建的120平方米的砖混结构房屋倒塌,目前建设同样的房屋需要资金15万元。

倒塌房屋价值损失=重置房屋所需费用×(1-折旧率),根据表4-1,10~30年的砖混结构房屋的折旧率为40%。

因此张某家此次灾害的房屋损失为:重置房屋所需费用15万×(1-折旧率40%)=15×0.6=9万元

4. 倒损房屋的统计、核定程序

(1)灾情稳定以后,各级民政部门要立即组织力量,全面开展倒损房屋的统计、核定。

(2)县级民政部门:灾害结束后,立即组织人员对本区域因灾倒损房屋情况进行逐户调查、登记。在15日内完成核定工作,建立因灾倒房和恢复重建台账。填写分乡镇的汇总统计表，上报地级民政部门。

(3)地级民政部门：接到县级民政部门报表后7日内，组织专门人员对重灾县进行抽查。根据抽查分析结果填写分县的汇总统计表，上报省级民政部门。

(4)省级民政部门：接到地级民政部门报表后7日内，对重灾的地市进行抽查、核实。根据抽查核实情况填写汇总统计表，将全省汇总数据(包括分地市、分县数据)上报民政部。以政府名义上报灾区民房恢复重建资金请示。

5. 房屋倒损情况评估中要注意的问题

(1)对某些建在山区的砖土为主体结构的房屋来说，一些灾害如洪涝、冻灾、雪灾等对其影响具有滞后性。要注意此类房屋安全性的检查评估。

(2)独立厨房、牲畜棚等辅助用房、活动房、工棚、简易房和临时搭建住房，以上房屋倒塌时，不能计入因灾倒房；因人为因素如失火等导致的房屋倒塌或损坏不能计入因灾倒房。

(3)一户有两处或以上住房的，或有长期闲置的一处房屋倒塌的，统计时应纳入因灾倒房进行登记，但在进行救济补助时，每户只能补助一处。

(4)《因灾倒房台账》所登记的栏目的单位，统一为户、人、间。

4.1.3 农业损失评估

农业损失评估可以分成农作物、林业、畜牧业、渔业和农业生产设施等五大类来具体进行评估。

1. 农作物受灾损失评估

(1)评估的原则。

①将农作物的生长分为四个阶段：幼苗期、分蘖期、幼穗发育期和成熟期。不同种类农作物的生长阶段划分见表4-2。

表 4-2　农作物生长阶段

生长期	特点	示例
幼苗期	集中育苗阶段，占地面积小，种植密集，需要后期异地移栽	两段育秧水稻、玉米、烤烟
分蘖期	经过大田移栽或大面积分散播种，一旦损毁仍可以进行补种或改种	小麦、高粱、马铃薯、豆类
发育期	生长迅速，其生长过程直接影响后期产量	各种农作物
成熟期	果实发育成熟	各种农作物

②在评估时，幼苗期的损失单独计算，而进入分蘖期以后的损失，则要按照成熟后的产量进行折算，见表 4-3。

表 4-3　农作物经济折算

生长期	占总收成比例	各阶段农作物经济价值折算
幼苗期		单位数量（箱、平方米、株）×幼苗单位价格
分蘖期	30%	3 年内平均产量×粮食单价×30%
发育期	60%	3 年内平均产量×粮食单价×60%
成熟期	100%	3 年内平均产量×粮食单价×100%

③将农作物按受灾程度分为：受灾、成灾和绝收，分别统计其面积。在此基础上评估各受灾程度面积上的损失价值，见表 4-4。

表 4-4　农作物损失计算

受灾程度	农作物损失比例
受灾	10%以上
成灾	30%以上
绝收	80%以上

④成熟期的产量，按照前三年的同块耕地的平均产量来计算。

⑤耕地毁坏的，毁坏耕地的价值纳入农作物的损失评估中。

(2)评估的方法

幼苗期的农作物直接经济损失=单位数量(箱、平方米、株)×幼苗单位价格×损失程度比例

分蘖期农作物直接经济损失=(农作物受灾面积－农作物成灾面积)×三年内平均产量×粮食单价×30%×(10－30%)+(农作物成灾面积－农作物绝收面积)×三年内平均产量×粮食单价×30%×(30－80%)+农作物绝收面积×三年内平均产量×30%×(80－100%)+毁坏耕地面积×单位耕地价值(或同类地块转让价格)

发育期农作物直接经济损失=(农作物受灾面积－农作物成灾面积)×三年内平均产量×粮食单价×60%×(10－30%)+(农作物成灾面积－农作物绝收面积)×三年内平均产量×粮食单价×60%×(30－80%)+农作物绝收面积×三年内平均产量×60%×(80－100%)+毁坏耕地面积×单位耕地价值(或同类地块转让价格)

成熟期农作物直接经济损失=(农作物受灾面积－农作物成灾面积)×三年内平均产量×粮食单价×100%×(10－30%)+(农作物成灾面积－农作物绝收面积)×三年内平均产量×粮食单价×100%×(30－80%)+农作物绝收面积×三年内平均产量×100%×(80－100%)+毁坏耕地面积×单位耕地价值(或同类地块转让价格)

耕地毁坏的价值=单位耕地的价值×耕地毁坏的面积

案例4-3:农作物经济损失计算

老李家有5亩水稻,正处于抽穗期,在水灾中受损,其中3亩绝收,2亩受损程度为60%。前三年水稻的亩产分别是600、500、550千克。今年每千克水稻的价格是3元。请计算老李家的损失。

3亩绝收面积的损失为60%×100%×3×550×3=2970元;2亩受损60%的面积损失为:60%×60%×2×550×3=1188元

老李家此次水灾导致的水稻损失为2970元+1188元=4158元。

2. 林业受灾损失评估

(1)为方便测算,大致将林业分为三大类,如表 4-5 所示。

表 4-5 林业分类

种类	特点	示例
苗圃	以培育幼苗为目的,种植密度大,生长期短	各种树苗
经济林	以获得果实为经济价值所在	水果类、茶叶
森林	树种生长时间长,以每亩蓄积量和材积量计算价值,按照生长时间一般分为:幼龄林(0～10年)、中龄林(11～16 年)、成熟林(16～20 年)	用材林、防护林、薪炭林

(2)各类林业的损失计算方法。

苗圃直接经济损失＝受灾面积×单位面积价值×受灾程度比例＋苗圃设施损失

经济林直接经济损失＝受灾面积×近三年平均产量×市场价×受灾程度比例＋毁损面积×经济林木单位价值＋设施损失

直接经济损失＝蓄积量×林木市场价值×受灾程度比例－林木残值＋林业设施损失

案例 4-4:林业损失计算

村民老李家 3 亩快要成熟的杨梅在台风过程中受灾程度达 50%,杨梅树毁损达 0.8 亩,果园四周的围墙需要 1200 元才能修复,近三年杨梅的平均产量为 2000 千克/亩,杨梅的市场价为 15 元/千克,老李这样的杨梅园价值 15000 元/亩。

老李的杨梅损失为 2000 千克/亩×15 元/千克×50%×3 亩＝45000 元;围墙损失为 1200 元;果园损失为 0.8 亩×15000 元/亩＝12000 元

老李家此次灾害中林业(杨梅)的损失为 45000 元＋1200 元＋12000 元＝58200 元

3. 畜牧业受灾损失评估

(1)畜牧业受灾损失的计算方法。

畜牧业直接经济损失＝死亡牲畜数量×当地市场价＋畜牧业设施损失—残值。

在进行评估时，要注意在畜牧业的不同养殖阶段，即牲畜处于不同的发育生长期内的损失，要根据它们不同的市场价来计算。如果养殖的牲畜仅仅是受伤，还能够继续养殖的，所需要的治疗费用总额即为损失。

(2)因自然灾害作为直接原因导致畜牧业损失需要销毁的，在受灾损失中，还要加上销毁的费用。

(3)评估受灾损失时，要根据灾害导致的畜牧业损失程度进行折算。折算的比例应按照不同养殖户的实际损失情况来确定，而不能根据地区总体情况以统一的比例来进行折算。

(4)家禽养殖业的灾害损失评估可以比照畜牧业进行。

4. 渔业受灾损失评估

(1)渔业受灾损失的评估方法。

渔业直接经济损失＝养殖鱼类、水生动物及海藻类死亡(流失)数量×当地市场价

(2)水产养殖损失一般采用现场实测和同期比对的方法来进行评估，程序为：①确定在正常情况下，同一类养殖品种单位面积的平均产值，同一种养殖方式养殖同一类品种单位面积的平均产值；②分析确定具体灾害造成的成灾程度，可采用抽样比对的方法；③预计灾害将影响的时间，一个养殖周期还是若干个养殖周期，先测算一个周期的单位产值，然后计算总的损失额。

案例4-5：渔业损失计算

村民老余家有3亩鱼塘在一次洪涝灾害中被冲毁，总共造成约4000条草鱼流失，约3000千克，草鱼的市场价格为每千克18元，修补该鱼塘需人工费1000元，材料费3000元。

老余的养殖鱼损失为3000千克×18元/千克=54000元;渔业设施损失为1000元+3000元=4000元。

老余在此次洪涝灾害中的渔业损失为54000元+4000元=58000元

5. 农业生产设施损失的评估

(1)农业生产设施主要包括:蔬菜大棚、食用菌养殖大棚、蔬菜育苗场、畜牧养殖场舍、家禽养殖场舍及辅助机器设备、生产区域内的水、电、路等,还有果树、茶树、良种苗木繁殖场、林区水、电、路、通信设备、观察哨所、森林防火设备、林业有害生物防治设备、野外生态检测设备、水产养殖所用网箱及打捞设备等。

(2)通过现场实测各类农业设施的损毁程度、数量,分为可修复与不可修复两种情况,分别评估。

(3)对可修复的生产设施,根据其受损程度,参照目前同类设施单位修复费用来计算,修复的总费用即为损失价值。

(4)不可修复的生产设施的损失计算方法:

损失的经济价值=损毁的面积×目前该设施市场单位造价×(1-年折旧率×已使用年限)

4.1.4 受灾人员家庭财产损失评估

家庭财产是一个家庭的所有财物和资产,包括房屋、家庭耐用消费品、用品用具、粮食食品、家禽家畜等。本节所指家庭财物损失评估不包括房屋。

1. 家庭财产损失评估的原则

(1)对于家庭财产损失价值的评估,应以与受损财产相同或类同的财物的当前市场价格,或目前重置该财物所需花费的价值为依据。

(2)家庭财产是已经在使用中的财产,因而评估损失时,只计算其净值,即扣除其折旧部分的价值。

(3)家庭财产在自然灾害中完全毁坏无法再行使用的,如果将其处理，还能获得部分收入，则这部分收入作为残值，要从损失中扣除。

（4）如果某些家庭财产在灾害中受损，但经过修复不影响其使用的，以修复所需的材料费、工时费为损失总额。但在修复所需费用超出其净值时，仍按财产净值减去残值来计算损失。

2. 常见的几类家庭财产评估

（1）家庭耐用消费品类。指家庭中的一些单位价值比较高、使用时间较长的大宗耐用消费品，包括电视机、电冰箱、空调、照相机、音像设备、沙发、餐桌椅等单位价值在200元以上的电器和家具。常见家庭耐用消费品的折旧率见表4-6，使用时间按整年计算，不足一年的按一年计。

表4-6　家庭耐用消费折旧率

品名	折旧年限	年折旧率(%)	残值率(%)
电视机	10	9.8	2
电冰箱	10	9.8	2
空调	10	9.8	2
电脑	10	9.8	2
照相机	10	9.8	2
摄像机	10	9.8	2
音像设备	5	19.6	2
手机、通信设备	5	19.6	2
取暖设备	5	19.6	2
炊事用具	10	9.8	2
家具	10	9.8	2

家庭耐用消费品损失的经济价值＝市场均价－（市场均价×年折旧率×使用时间）－残值。

对于超过使用年限但仍在使用中的耐用消费品，计算损失时，只按其残值2%来计算。如果该耐用消费品已不能使用，经过处理，所获得的收入等于或超过其重置价的2%的，无需计算其损失，但超出部分，不能在别的损失中另行扣除。

案例4-6：家庭耐用品损失

小李家因灾倒房砸坏了一台已购买三年的空调，该空调目前市场价约3000元，空调的折旧率为9.8%。因空调完全损坏无法修复，小李将其作为废品卖了100元。

空调损失＝3000元－3000元×9.8%×3－100＝2018元

(2)用品用具类，是指单位价值在200元以下的家庭生活用品用具。计算这类物品的损失时，可以对其中价值相对较高的物品进行计件清点，根据家庭财产损失评估的原则，参照耐用消费品的评估方法，大致估算出损失价值。估算损失价值时，必须要进行现场勘查和清理，具体计算其实际损失。如果无法进行勘查和清理，如房屋被洪水完全冲毁的情况下，则可以结合不同家庭的状况，如财产多少、质量高低、使用时间长短等因素来考虑进行估算。

(3)粮食食品类，指一个家庭储存的粮食和食品，包括稻谷(大米)、玉米、小麦(面粉)、大豆、花生、植物油等。评估自然灾害中粮食食品类损失时，应区分不同的损失情况，按照不同的方法来计算损失价值。损失计算方法如下。

①因灾导致粮食食品失去或损坏，而没有任何利用价值的：粮食食品损失的经济价值＝损失粮食数量×市场平均单价。

②粮食食品损坏，不能食用，但仍然可以用作饲料等，因而有一部分残余价值的：粮食食品损失的经济价值＝损失粮食数量×市场平均单价－残值。

③粮食食品损坏，经过清理仍能食用的：粮食食品损失的经济价值＝清理损坏粮食食品所需的材料费＋工时费，如果以此方法计算的损失高出于粮食本身的价值的，则仍以粮食本身的价值作为其损失的经济价值。

案例4-7:粮食食品损失

村民老赵家的粮仓在一次洪涝灾害中被冲垮,储存的2000千克水稻有1200千克被冲走,剩下的在水中浸泡后,已经不能食用,只能用作猪饲料,约值1000元。现市场上水稻价格为3元/千克。

水稻损失=2000千克×3元/千克=6000元,800千克浸泡过的水稻的残值为1000元。

老赵家在此次灾害中的水稻损失为6000元-1000元=5000元

(4)家禽家畜类,指农户价值饲养的猪、牛、羊、鸡、鸭、鹅等。在评估自然灾害中家禽家畜类损失时,应区分不同的损失情况,按照不同的方法来计算损失价值。损失计算方法如下。

①家禽家畜因灾死亡失去利用价值的:家禽家畜损失的价值=家禽家畜均重×市场该类家禽家畜平均单价。

②家禽家畜重伤不能继续养殖,只能处理的,按照死亡来计算损失,如果部分家禽家畜有残值的,应从损失中扣除:家禽家畜损失的价值=家禽家畜的重量×市场该类家禽家畜平均单价-残值。一般情况下,处理的费用不计入损失中。

③家禽家畜受伤,经治疗仍能继续养殖的:家禽家畜损失的价值=治疗所需要的费用。

家禽家畜的损失价值评估,应按照其实际重量来计算,无法评估其实际重量的,可以按该类别该品种的平均重量来计算。家禽家畜的参考平均重量如表4-7所示。

表4-7 家禽畜的平均重量

类别	单位	均重(千克)
育肥猪	头	80
肉牛	头	350
肉羊	头	30
蛋鸡	只	1.0

续表

类别	单位	均重(千克)
肉鸡	只	1.0
肉鸭	只	2.7
肉鹅	只	4.0

仍处于成长阶段的家禽家畜仔的损失,按照购入实际价值加所用的饲料市场价值计算。在实际评估中,还应该加上一定的人工费用。

案例 4-8:家禽家畜损失

老陈家养了5头牛,每头约400千克,此次灾害中牛圈被损毁,牛全部被压死,老陈把能卖的死牛拉到市场卖了5000元,不能卖的销毁掉,老陈还花了1200元才将牛圈修复好,当地市场活牛价格18元/千克。

肉牛的损失=400千克×5头×18元/千克=36000元;牛圈的损失为1200元;肉牛的残值为5000元。

老陈家在此次灾害中的所饲养的家畜(牛)的损失为36000元+1200元-5000元=32200元。

4.2 应急救助需求评估

应急救助需求是指在自然灾害发生以后,对于灾区需要恢复基本生活秩序以及灾区人员需要基本生活物资的需求所进行的评估。

4.2.1 应急救助需求评估的内容和要求

1. 应急救助需求评估的内容

自然灾害发生以后，灾区的交通、通信、用电、用水等设施遭到破坏，灾区的生活秩序需要得到恢复。同时，一些受灾人员的住房等生活资料被损坏，导致吃、穿、住等基本生活需求不能得到满足，这两个方面都需要外界提供紧急救助，这就是应急救助需求。应急救助需求可分为保障基本生活条件需求和维持基本生活秩序需求两个方面。应急救助需求品评估依据一定的方法和程序就是对以上这两个方面所包含的一些具体内容和项目所进行的评估。

(1)保障基本生活条件的需求主要是对灾区口粮、衣被、临时住所、医疗卫生、教学条件等方面的救助需求，包括以下内容。

①基本生活物资供应需求，主要包括口粮、饮水、衣被、燃料、取暖设施等。

②临时住所安置需求，对紧急转移的受灾人员或因灾涉险人员的临时住所安排。

③医疗卫生保障需求，包括对伤病人员的救治、灾区防疫，以及大灾后对受灾人员尤其的未成年人进行的心理干预等。

④教学条件需求，如果学校等教学设施在自然灾害中倒塌或受影响较大，不能继续提供教学的，要对在校学生提供安全的教学条件，包括教学设施、设备、教学用品用具、教学人员等。

(2)维持生活基本秩序的需求，主要是指灾区对交通、供电、供水、通信等基础设施方面的需求，以及灾区安全有序的社会秩序需求。

2. 应急救助需求评估的要求

(1)针对性，要根据不同灾害种类的特点来确定评估内容和评估重点，同时，也要根据灾情的严重程度来确定不同评估内容和评估重点。

(2)真实性,要根据灾区的实际情况,对救助需求作出尽可能准确的评估,确保对于应急救助需求的评估内容真实性。

(3)及时性,要在灾害发生后尽可能短的时间内,对相关的应急救助需求的内容作出评估,并选择合适的渠道快速及时传递出去。

4.2.2 基本生活物资需求评估

1. 基本生活物资分类

(1)粮食,包括大米、面粉、方便食品等,在灾区救援时,应以成品粮和方便食品为主。

(2)饮用水,包括可直接饮用的桶装水、瓶装水和干净的生活用水,还包括净水药片或净水设备。

(3)衣被,包括单衣、夹衣、秋衣、棉衣、棉被、被褥等,具体品种应根据灾区所处的地域、季节和气候条件来确定。

(4)取暖,包括取暖设备和燃料等,如煤炉、燃煤及电力取暖设备等,应根据灾区的地域、季节和气候等条件来确定。

2. 评估的方法

(1)评估前应做好准备工作。①收集信息,包括灾区社会的相关统计资料,如人口资料和自然灾害的相关信息;对所发生的该种自然灾害的一般信息;认识与发生的自然灾害对该地区的实际影响状况的信息。②根据需要编制符合实际的调查表。③安排有经验的灾害信息员来开展调查工作。

(2)现场调查评估。①进行入户调查,逐户登记。②调查了解灾区现有基本生活物资情况、基本生活物资的购买力,包括自救能力和可利用资源等。③了解受灾人员的收入情况,包括受灾保障对象的定期救助金收入、蓄洪区受灾人员的国家补偿收入等。

(3)分类统计。区分五保户、低保户、特困户等弱势群体与一般受灾户,特别要关注弱势群体。

(4)填写调查表,并及时上报上级民政部门。

4.2.3 居住需求评估

指对受灾人员原居住情况、房屋倒塌损坏情况进行信息采集、结合当地实际情况，采用合理的计算方法，对受灾人员需临时安置住所和需恢复重建房屋情况进行的评估。

1. 居住需求

在一次自然灾害过程中，受灾人员在不同的灾害救助阶段有不同的居住需求。

(1)应急救助阶段的居住需求。在灾害初期，受灾人员原居住房屋损毁或存在安全隐患，必须进行转移，其居住需求是安置临时住所，其特点是临时性和安全性。临时居住需求解决方式有：①搭建帐篷或简易房；②借住房屋；③租用房屋；④投亲靠友。

(2)恢复重建阶段的居住需求。灾情稳定或结束后，要考虑对倒塌房屋进行恢复重建，或对损坏房屋进行修缮加固，解决长久安全住所。

2. 受灾人员居住需求评估的程序

(1)现场调查。灾害发生后，乡镇政府应在县级民政部门的指导下，及时成立救灾工作领导小组，组织乡、村灾害信息员到受灾人员家中调查了解灾害损失和居住需求情况。基层灾害信息员要立即按照民政部《因灾倒房户台账》要求开展入户调查，包括如下内容：

①受灾人员家庭情况：户主姓名、家庭类型(分五保户、低保户、困难户和一般户四类)、家庭人口(指家庭中有户籍的人口数和无户籍但在此家庭居住超过半年以上的人口数)、房屋间数、房屋结构(分土木结构、砖木结构、砖混结构及其他四类)。

②房屋倒损情况：受灾时间、受灾种类(洪涝、冰雹、台风、雪灾、泥石流等)、倒塌房屋间数和损坏房屋间数。

(2)分类安排临时居住场所。根据入户调查情况和评估结果，起草灾情报告、填写受灾人员应急救助阶段临时居住需求评估表，建立

《受灾人员倒房台账》与倒损房屋图片资料，报告至乡镇救灾工作领导小组，由领导小组组织力量对受灾人员进行转移。

（3）进行住房恢复重建。①合理确认重建救助对象；②因地制宜评估选择重建房址；③调查评估建筑材料供求和价格情况；④评估建筑施工力量情况；⑤评估住房重建户可承受能力；⑥分户建立重建倒房评估档案；⑦张榜公布受灾人员重建倒房评估和拟安排情况；⑧上报评估结果。

（4）住房损坏情况和修缮需求评估参照以上程序进行。

4.2.4 基本医疗卫生需求评估

基本医疗卫生需求评估内容包括医疗服务需求、健康教育需求、饮水卫生需求、食品卫生需求、环境卫生需求、疾病防控需求等。

1. 医疗服务需求

不同种类的自然灾害导致的受灾人员对医疗服务的需求不同。

（1）洪涝灾害。洪涝灾害容易导致烂脚丫、红眼病、腹泻、痢疾、血吸虫等疾病，需求及时提供医疗救助。医疗需求的特点是处理简单，技术水平较低，单个医务人员可处理，但需要及时上报，同时及时补充药品。

（2）风雹灾害。风雹灾害容易导致创伤、建筑物倒塌掩埋、砸伤。医疗需求特点是快速评估分拣，先期现场处理，及时转运，备足血液等必需品。

（3）地震灾害。破坏力较强的地震（里氏6.0级以上）导致较严重的人员死亡、幸存者的心理创伤、严重的外伤、创伤。医疗需求特点是重点需求骨科、外科、烧伤、护理、心理干预专家和有基本医疗处理技能的人员，进行前期处理，及时转运。

（4）地质灾害。易导致人员死亡、外伤、创伤。医疗需求特点是快速脱离危险区，骨科、皮肤科、外科等专业人员，进行前期处理，及时转运。

2. 饮水卫生需求

(1)尽量选择瓶装水、桶装水。

(2)灾区饮用水水源的选择。①首先考虑泉水、深井水、一般井水;②然后考虑河水、湖水等地表水;③洪水淹没的水井或供水构筑物应停止供水;④饮用水应根据水源不同采取不同的处理方法,确保安全卫生。

(3)饮用水水源的防护。①灾前做好充分准备,防止有毒有害物的污染;②集中式的饮用水水源取水点要有专人看管。

(3)防止人为污染。①集中式供水的水源必须要经过处理和消毒;②洪涝灾害过后,供水设施必须要进行清洁和消毒;③饮用水的水质必须要经过检测,合乎饮用水标准。

3. 食品卫生需求

(1)受灾地区需要重点预防的食物中毒,包括霉变粮食引起的霉菌毒素食物中毒、细菌性食物中毒、化学性食物中毒、有毒动、植物引起的食物中毒等。

(2)食物中毒的现场处理。①及时进行诊断,必要时采集病人标本以备送检;②立即停止食用中毒食品;③对病人进行急救治疗,包括催吐、洗胃、灌肠、药物治疗等;④及时报告,报告内容包括食物中毒发生地点、时间、人数、典型症状和体征、治疗情况、中毒食物、需要进一步采取的措施。

(3)对中毒食物进行控制处理。①封存现场的中毒食品或疑似中毒食品,等待调查确认;②通知追回或停止食用其他场所的中毒食品或疑似中毒食品;③对中毒食品进行无害化处理或销毁;④对中毒场所进行相应的消毒。

(4)开展对预防中毒的宣传教育。

(5)对灾区的食品卫生进行严格的监督管理。

4. 环境卫生需求

(1)环境卫生需求的内容。①设置临时厕所、垃圾收集站点,做到粪便入厕，生活垃圾定时清理、集中堆放、做好垃圾粪便的卫生管理；②妥善处理人畜尸体；③灾害结束后，及时对环境进行彻底的清理和消毒，改善环境卫生。

(2)对临时住所的卫生需求。①选择安全和地势较高的地点，采取应急措施，搭建窝棚、帐篷、简易住房等临时住所，做到先安置，后完善；②尽量选用轻质建筑材料，棚子上不要压砖头石块等重物；③棚屋等临时住所要能遮风挡雨、还应具备通风换气和夜间照明功能。南方要设法降低室温、防止中暑，夜晚要注意防寒保暖；④灶具要放在安全地点，并有人看管；⑤注意环境卫生，不随地大小便和乱倒垃圾污水，不要在临时住所内饲养家禽家畜；⑥尽量按原来居住情况进行安置，保持原有的建制，按户编号，以维持原有的邻里关系和社会组织管理关系。

(3)及时收集和处理垃圾、粪便。

(4)及时处理人、畜尸体。

(5)灾害过后的环境清理工作。①消毒需求，饮用水和一般生活用水的消毒，食物的消毒、一般用具用品的消毒、墙壁地面等的消毒、手的消毒；②杀虫需求，采取各种措施杀灭蚊、蝇，降低其密度；③灭鼠需求，做好鼠情、疫情监测，采取各种灭鼠措施。

5. 疾病防控类需求

(1)疾病防控具有一定的地域特色，要注意根据本地区的情况确立疾病防控的重点和内容。

(2)灾区需要重点防控的疾病有细菌性肠道传染病、血吸虫病、皮炎、甲型肝炎、流行性出血热、急性出血性结膜炎、钩端螺旋体病、疟疾、病毒性腹泻、鼠疫等。

4.2.5 受灾人员临时教学条件需求评估

自然灾害往往破坏教学设施，造成交通、电力中断，以及人员伤亡，导致学校的正常教学活动无法进行，从而产生对临时教学的需求。总体而言，临时教学条件需求包括两个方面：一是对教学设施、教学用具的需求；二是对教学条件的需求，如交通、电力、防病抗病、新增住宿人员的生活必需品等。

1. 不同灾害影响下的临时教学需求

(1)台风和洪水。①临时校舍；②防病知识、消毒器具、消毒药剂；③学校师生的交通工具；④新增住校师生的房舍和生活用品；⑤转移安置地点的学生对临时教学点的需求；⑥临时教学点的基本医疗条件。

(2)低温雨雪冰冻灾害。①防冻防寒物品；②冰雪清理工具；③临时校舍；④新增住校师生的房舍和生活用品；⑤生活必需品；⑥应对临时停电的能源设备。

(3)地震。①帐篷、课桌凳等教学设施；②教学用具、学习用具、书本；③教学人员；④消毒防病器具、药品、卫生知识；⑤防震安全知识及医疗基本条件；⑥生活必需品；⑦学生心理辅导。

2. 受灾人员临时教学条件的需求评估的原则

(1)确保安全。自然灾害尤其是大灾过后，安全隐患大大增加，对师生的人身安全保障产生很大影响，因此必须把安全放在第一位。

(2)要满足基本教学需求。应做到就地、就近、因陋就简，即满足最基本的教学需求，在条件允许的情况下寻求改善。

(3)评估要规范。临时教学条件需求评估应做到程序化、具体化。既要根据不同灾种的差异，也要根据灾情的差异，从本地区实际出发进行评估。

4.3 紧急转移与安置需求评估

4.3.1 受灾人员紧急转移与安置需求评估

受灾人员的紧急转移与安置需求评估是指根据灾害发生时受灾

人员是否转移、转移方式、转移地点、转移安置所需要的基本生活物资如食品、衣物、药品、住所等的需求的评估。

(1)转移安置目标人群。目标人群要根据灾害可能影响的区域的风险情况来具体确定。灾情评估是确定目标人群的主要依据,包括受灾人口、房屋倒损、次生灾害发生情况等,根据灾情评估结果确定需要优先转移的人口范围、数量、最佳安置场所、转移路线等。

(2)转移安置物资需求评估。根据受灾人口数量,按照"六有"原则,评估受灾人员所需的物资种类和数量。①有饭吃,根据受灾人口的数量评估所需食品的种类和数量;②有水喝,根据受灾人口的数量评估所需饮用水数量,并确定水源安排;③有衣穿,根据受灾人口的数量评估所需衣被的种类和数量,并根据灾情和气候评估所需取暖设备;④有病能医治,根据受灾人口数量、灾害种类、灾情状况,评估所需的药品的品种、数量,保障对可能出现的疾病的预防和救治;⑤有住的地方,根据受灾人口数量评估所需临时住所的面积和安排;⑥有书读,对受灾人员中的学龄期人员进行统计,便于编班,开展教学。

4.3.2 紧急转移安置方式

(1)动员受灾人员投亲靠友。对于有亲友可以投靠的受灾人员,可以动员其投亲靠友,并给予相应的救助资金或物资。

(2)组织受灾人员转移到避灾安置场所。根据乡、村(社区)应急预案的安排,有序转移人员到就近的避灾安置场所(避灾中心、避灾点)。对没有避灾安置场所的,要及时协调机关学校等单位腾空房,临时安置受灾人员。

(3)动员受灾人员租住房屋。在紧急转移安置过程中,对于救助物资难以立即到位的,要尽快组织受灾人员自救。

(4)搭建救助帐篷和简易房。灾害发生后,要根据灾情评估报告中的紧急转移安置受灾人员数量,尽快调运救灾帐篷到安全地带,临时安置受灾人员。

4.3.3　受灾人员集中安置

1. 选择紧急转移路线

(1)因地制宜。要根据灾情预估,结合当地居民居住状况和自然状况设计转移路线和转移方案。

(2)安全快速。一般来说,根据灾情选择远离灾区中心、上风、上游、上坡、空旷场所作为安置点,在路线选择上,选择较短、平坦的路线,并根据灾情尽量避免河流、堤坝、山路等路线。

2. 设置临时集中安置点

临时集中安置点要根据灾情和转移需要设置,并遵循以下原则。

(1)安全。要选择远离灾源的场地,根据不同的灾种、灾情严重程度选择远离灾区中心、上风、上游、上坡、空旷场所作为安置点,或选择安全的室内场所作为临时集中安置点。

(2)就近。灾害发生后,可以就近选择公园、绿地、广场、操场(体育场)、人防工程、学校、工厂等场地和机关单位等安全的场地场所作为临时集中安置点。

(3)方便受灾人员自救互救。临时安置点的设置要根据灾种和灾情,考虑各种可能出现的极端状况,方便在极端情况下的自救互救和外部救助。

(4)以人为本。临时安置点要尽量配置用水、如厕、垃圾处理、应急照明、应急医疗等受灾人员急需的设施设备,并确保临时安置点的秩序。可能的情况下,还应该配备一些如图书、收音机等的娱乐设备。

4.3.4　编制受灾人员紧急转移安置预案

受灾人员紧急转移安置预案是灾害应急预案的重要组成部分。各地要根据本地区的受灾情况,编制本地区在各种自然灾害来临时的紧急转移与安置预案。

1. 预案编制的原则

(1)以人为本。要把保障灾区人员的生命财产安全放在首位,最大限度减少自然灾害造成的人员伤亡和财产损失,尤其是特别要把灾区人员的生命安全放在首位,并要加强应急救援人员的安全防护,方便灾害救援。

(2)依法规范。预案编制的程序和内容都要符合已有的相关法律、法规和行政规章,与现有的相关政策相衔接。

(3)分级负责。按照我国自然灾害管理分级负责的体制要求,各级政府都要制订本级行政区域范围内的受灾人员紧急转移与安置预案,并确定自然灾害管理权限和责任人。

(4)资源整合。预案编制时要充分考虑和利用现有资源,包括行政资源、组织资源、社会资源等。具体说,要明确紧急转移安置的管理部门、实施部门及其职责和权限,并通过其他相关部门的密切配合,充分发挥现有的避灾场所及其他适合的社会场所的作用,充分依靠和发挥人民军队、武警部队在救灾中的作用。

(5)因地制宜。要根据受灾地区的灾情、地形地貌和其他具体情况来安排转移路线和安置点。

2. 预案的内容

受灾人员紧急转移安置预案应包括以下基本内容。

(1)转移安置对象:包括对当地的灾情分布和受灾人口分析以及在不同灾情下的转移安置任务分析,特别要注意单独列出一些困难人群,如老人、儿童、病人等。

(2)受灾人员转移:确定受灾人员转移路线及转移方式。

(3)转移受灾人员集中安置:确定临时安置地点、保障转移安置对象的基本生活,尤其是集中安置点的各种基本生活保障。

(4)组织管理:明确紧急转移安置的指挥、管理机构、实施机构与人员及其职责,明确各相关部门在转移安置中的职责。

(5)保障措施:明确预案顺利实施的各种保障措施,如人、财、物的保障。

(6)纪律要求及其他:明确相关纪律要求及其他相关注意事项。还可以用附件的形式注明受灾人员转移安置路线以及受灾人员安置点的设置情况。

案例4-9:玉环县沙门镇救灾应急预案

1. 指导思想

建立健全统一、高效、科学、规范的救灾应急指挥、保障和预防控制体系,全面提高应对各类自然灾害的能力,最大限度地减少自然灾害造成的损失,保障公共生命财产安全,维护社会稳定,促进全镇经济社会快速、协调、可持续发展。

本预案以有关法律、行政法规为依据,并与玉环县人民政府救灾应急预案相衔接。

2. 工作原则

本预案指导全镇辖区内自然灾害的应对工作,并有效与上级政府和有关部门的应急预案对接。

一是坚持以人为本的原则;二是坚持预防为主的原则;三是坚持依法规范的原则;四是坚持统一领导的原则;五是坚持协同处置的原则;六是坚持资源整合的原则;七是坚持科学应对的原则。采用先进的预测、预警、预防和应急处置技术及设施,充分发挥专家队伍和专业人员的作用,提高应对自然灾害的科技水平和指挥能力,避免发生次生、衍生灾害;加强宣传和培训教育工作,提高公众自救、互救和应对各类自然灾害的综合素质。

3. 各种保障

一是人力保障。①民政、消防、医疗救护、疾病控制、地震救援、防洪抢险是应急救援的专业队伍和骨干力量。各有关部门要切实加强应急救援队伍的业务培训和应急演练,建立联动协调机制,提高装备水平。②机关、企事业单位、公益团体和志愿者等社会力量是应急救援的重要力量,各有关部门要切实加强社会力量的应急能力建设,使其掌握一定的救援知识和技能。③按照预案分工调用应急队伍和社会力量进行处置。上述队伍以县级为单位组建，乡镇随时请求调用。同时乡镇也建立相应的分队。遇大灾，及时向上级政府请求援助。二是财力保障。三是物资保障。四是基本生活保障。五是医疗卫生保障。

4. 基本情况

(1)本镇辖区内有23个行政村、92个自然村，耕地总面8638亩，其中水田4732.6亩，旱地3906亩；农作物面积8500亩。现有常驻人口8630户25134人，外来人口3726人，有住房10356间，其中危房245户398间。

(2)境内主河流2条，有桥12座。

(3)境内有工厂172家。

5. 灾害隐患

(1)国土资源部门标注的地质灾害隐患点有1个，位于沙门镇岭岙村内。如发生灾害，需紧急转移安置1个村1户3人(名单见附件1)。

(2)有水库1座、山塘7座，如发生台风洪涝灾害，需转移安置18村186户558人(名单见附件1)；将造成8200亩耕地受灾，其中水田4500亩，旱地3700亩。

(3)流经本乡镇的河流(溪)16条，如发生台风洪涝灾害，需转移安置18村98户294人(名单见附件1)；将造成7900亩耕地受灾，其中水田4200亩，旱地3700亩。

(4)如企业发生突发性事件，境内需转移安置共98户163人。

(5)其他灾害隐患点情况。

6. 沙门镇救灾指挥机构

指挥机构由镇党委、政府负责同志及人大主席团主席组成，指挥中心设在镇食堂二楼。

总指挥：×××(镇党委书记)副指挥：×××(镇长)

县级联系部门：县宣传部、县总工会、县国税局、县水利局、县盐务局、县广播电视台。

指挥机构下设：办公室、信息组、抢险组、巡逻组、转移组、保障组、监测组。

工作职责：

办公室：负责协调有关救灾的各项工作。

成　员：×××　×××　×××

信息组：负责灾害的预警预报、掌握灾情和救灾工作进展情况。

成　员：×××　×××　×××

抢险组：负责救灾抢险工作。

成　员：×××　×××　×××　×××　×××　×××

巡逻组：负责灾害隐患点的监测、灾害发生前后安全巡查等工作。

成　员：×××　×××　×××

转移组：负责需转移安置人员的转移安置工作。

成　员：×××　×××　×××　×××　×××　×××

各驻村干部：

救助保障组：负责转移安置人员生活保障、抢险物资供应、后勤保障服务、受灾人员生活救助等工作。

成　员：×××　×××　×××

监测组：负责灾后环境、卫生等监测工作。

成　员：×××　×××　×××

7. 预警信息

(1)发布撤离转移信号，域内涉险人员按方案转移。

(2)地质灾害点预警发出后，域内涉险人员按方案转移。

(3)小间水库预警信号发出后，域内涉险人员按方案转移。

(4)当某工厂发生突发性事件，视情况发布撤离转移信号，指定区域内人员按方案转移。

8. 人员转移

人员转移，因灾害种类和规模不同，转移对象、转移人员的数量和转移安置地各不相同。其中河流水位分别涨至6米时的洪涝灾害预警发出后，本镇共需转移1123户3994人，其中外来人员60户192人。特别注意做好以下重点人员的转移：五保户78户86人，低保户187户325人，残疾家庭302户421人；家中无劳动力的老年人52户87人，另有幼儿园、小学、(全日制)中学等，共计学生2200名。由对应驻村干部和各村具体实施。

地质灾害和小国水库溃坝预警信息发布后，组织涉险人员迅速转移至安全地带。工厂发生突发性事件，人员转移按实际情况决定。

9. 转移路线

当预警信号发出后，涉险人员即按指定的路线转移。

(1)需转移安置到镇避灾安置场所的，由有关村集中派车送达。

(2)需转移安置到村避灾安置场所的，沿村内主要道路自行转移。

(3)投亲靠友或到邻居家安置的，自行前往。

10. 避灾安置场所

(1)本镇有3个集中安置场所，镇大会堂避灾安置场所可安置160户500人，泗边村避灾安置场所(泗边村部)可安置30户98人；灯头村避灾安置场所(灯头村部)可安置20户65人；岭岙、路上、大岙里、沙门、张岙、水桶岙、上山头、白岭下、干家岙、小闾、双斗、瑶坑等12个村140户386人，滨港工业城企业49户67人需到镇大会堂避灾安置中心安置，其他各村(不包括泗边、灯头村)74户215人到各村村部安置中心安置。

(2)物资保障。原则上，避灾安置场所根据可容纳人员数量贮藏一定数量的救灾物资；告知受灾人员尽量携带一些干粮、饮用水等生活必需品以备应急；在灾害发生后4小时内将保障物资(如：米、面、油、盐、水等生活必需品的供应)送到避灾安置场所。

11. 灾后救助

(1)查灾核灾。镇民政干部(或镇灾害信息员)随时和村灾害信息员保持联系，及时填报《因灾倒房花名册》；如有因灾死亡、伤病人员，填报《因灾死亡人员花名册》；及时填报因灾农作物损失情况。

(2)及时发放救灾款物。在镇政务公开栏内,公布发放到各村的救灾款物数额。

(3)如有需重建倒房,组织工作组,落实责任制,帮助开展重建工作。

12. 信息传递

(1)信息传递。市县→乡镇→村(居)(自上而下)。通过行政命令下达转移安置指令时,一般情况下通过电话、广播、电视、短信等方式进行传递。

(2)临灾转移安置和灾情信息传递及组织指挥。村(居)←→乡镇←→市县(村(居)、乡镇双方互动,转移安置、灾情总的情况由镇上报到市县)

13. 需要落实的几项具体工作

(1)工作手段。突发性灾害发生后,从灾害原发地向波及的涉险区域发布信息时,受到时间、手段的限制,应采取一些使用起来方便、快捷,传播起来范围较广、容易识别的信号,如敲锣报警等。特别是山村,应落实专人负责敲锣。灾害发生后,如交通通信中断,应各自为战、村自为战,确保安全,同时尽可能在最短时间内把信息报告到上级政府。乡镇应根据村(居)的报告,加强领导、指挥、支援。

(2)事前告知。需要转移安置人员,应事前告知,让这些人员知道到哪里避灾安置场所。乡镇落实责任制,驻村干部指导村级开展救灾工作,联片领导负责责任片中的救灾工作。村(居)同时落实责任制,1个村(居)干部负责若干需转移安置人员,联系方式在"明白卡"中表明。

(3)预案演练。每年分村(居)组织不少于1次演练,使所有人员熟悉预案,知晓避灾安置路线、场所及保障须知等。对预案不妥之处,及时进行修改。

(4)减灾宣传。乡镇、村(居)避灾安置场所制订规章制度,张挂上墙。采取多种形式,如放置减灾救灾图表、书籍等,开展减灾宣传教育,提高群众自救互救的能力。

附件：1. 需转移安置人员名单(略)

2. 沙门镇救灾应急预案流程图(略)

案例 4-10：遂昌县三仁畲族乡排前村避灾避险人员转移安置应急预案

排前村位于三仁畲族乡的西南，距离乡政府驻地 8.5 千米，东连沙口村，南接垵口乡，西毗大柘镇，北邻北山村，5 个自然村，分别为排前、晃内、垄坞、八箩、钱村，中心村为排前。全村 241 户、808 人。河流、道路均呈东西走向，穿村而过。人口主要集中分布在排前自然村。山林面积 7291 亩，人均 9 亩；耕地面积 804 亩，人均 1 亩；经济收入以毛竹、茶叶为主。按上级有关要求，为有效开展避灾避险工作，现结合我村实际，特制定我村避灾避险人员转移安置应急预案。

1. 灾害隐患分析

根据我村多年灾害引发的情况，本村现有灾害隐患大致有以下几种：

(1)水库有蓬山水库，位于钱村，出险时，会影响钱村自然村 8 户 32 人。

(2)地质灾害 1 处，分别位于排前自然村后山，出险时，有 3 户 10 人。钟陈宝、钟樟根、雷文方、雷根寿户可能造成小范围滑坡。

(3)危房有 3 幢，共有 12 人。

2. 应急机制

(1)组织领导：成立避灾工程领导小组，组长：×××；副组长：×××；成员：×××、×××、×××、……；领导小组下设三个工作组：①避险转移组：×××(组长)、×××、×××；②人员安置组：×××(组长)、×××、×××；③物质保障组：×××(组长)、×××。

(2)工作职责：①村避灾避险领导小组组长负责整个村避灾避险的组织、协调和指挥工作；②避险转移组负责灾害隐患点的人员和重要财产的安全转移，并做好在各路道口人员引导和疏散工作；人员安置组负责人员特别是老弱病残人员安全转移至亲友处和避灾点；物质保障组负责对避灾人员日常食品用品供给保障，以及留存食品和用品的妥善保管。

3. 应急措施

(1)应急准备工作和反应：一旦出现险情征兆，启动该预案，避灾避险领导小组和工作人员应当迅速作出反应，各就各位投入工作，对可能发生灾害险情的部位，派人严密监视和及时通报，提醒潜在受灾人员加强安全防范和紧急避灾。

(2)转移安置方法：①一旦出现险情，由村预警员在村相应地理位置鸣锣预警，转移避险组工作人员接到通知或听到鸣锣报警声后应迅速到位，按事先制定的不同受灾人群转移疏散路线安全转移(见后表)。②具体转移方式(见后表)。③按照"以分散投亲靠友为主，以集中安置为辅"和"就近、就便"的原则，将人员安置到亲友处、本村避灾点或邻近避灾点(见后表)。

(3)有其他灾害应急预案的，按其他专项预案执行。

4. 应急保障

(1)为顺利开展避灾工作，方便工作联系，避灾避险工作成员间应保证通讯畅通。

(2)一旦险情发生，迅速将处在险情的人员转移至各避灾场所，同时及时向乡政府及上级有关部门汇报受灾和人员转移情况。

(3)为投亲靠友和在避灾场所的人员安排好基本生活。

(4)上级的救灾物资要及时、足额发放到灾民手中，保障灾民的基本生活。

(5)稳定灾民思想情绪，并做好灾民疾病预防工作。

5. 其他事项

(1)由于潜在灾害点和潜在受灾人口每过一段时间后都存在变化的情况，我村视情况，对人员转移安置线路和人员转移安置去向作出合理调整。

(2)避灾避险领导小组和工作组组成人员因多种原因，应适时作出合理调整。

附：排前村避灾避险人员转移安置一览表(略)

第5章　避灾安置场所管理

避灾安置场所是指由县级人民政府确认或组织建设，在灾害来临时为群众提供避护和基本生活保障的场所。

根据场址、规模和功能分为避灾中心和避灾所。避灾中心指的是规模较大，功能较全，设置在建制（集）镇、街道办事处内的固定避灾场所，它往往集避灾、救灾、减灾和灾时临时指挥于一体，平时用于减灾宣传教育以及公共活动场所；避灾所指的是规模中等，设置在村（社区）内的避灾场所。

避灾安置场所的安置对象为因洪涝、风雹、台风（包括热带风暴）、地震、滑坡、泥石流等自然灾害和其他突发公共事件需要转移安置的当地群众及外来人员。

5.1　避灾安置场所的建设概况

加强避灾安置场所建设，在灾害来临前及时转移安置群众，提供安全可靠的避灾安置场所，保障好群众的基本生活，是有效应对自然灾害、最大限度减少人员伤亡的重要措施。

浙江省是一个多灾易灾省份，每年因灾转移安置群众都在100万人次以上。浙江省政府从2007年年初开始，在沿海台风灾害较为频繁的7个县（市、区）开展了避灾工程建设试点工作，力图解决以往转移安置工作存在的安置场所布局不合理、固定安置场所不足、临时安置场所缺乏必要的生活保障设施等问题。截至2011年底，浙江省累计投入“避灾工程”建设资金9亿元，已建成避灾安置场所7000多个，覆盖全省各县、乡、村，可容纳灾民230余万人。避灾安置场所主要是利用现有建筑和设施，很大一部分场所是民政部门已有的敬老院，学校和政府机关等公共设施，重点分布在多灾易发地区，如台风、洪涝、地质灾害点。

浙江省避灾安置场所建设在试点工作取得明显成效的同时，正逐步走上科学化、规范化的道路。《浙江省避灾安置场所建设和管理办法(试行)》以及《浙江省民政厅关于切实加强避灾安置场所使用管理的通知》等文件的制定和下发，为推进浙江省避灾安置场所建设提供了有力的制度保障。

2010年12月，浙江省避灾工程荣获首届“浙江省十大民生工程”称号。

5.2 避灾安置场所使用管理

5.2.1 避灾安置场所的管理主体

《浙江省避灾安置场所建设和管理办法(试行)》第一章第五条指出：“县级人民政府负责避灾安置场所的修建、确认和统一管理工作。乡镇(街道)、村(社区)以及确认为避灾安置场所的产权单位负责避灾安置场所的日常管理和维护工作。县级民政、建设、防汛、公安、卫生、国土资源、财政、民防、电力等部门按照各自职责做好避灾安置场所建设、管理、运行保障等工作。”

避灾安置场所实行属地管理为主，平时由原产权单位管理，管理单位要确定专人负责避灾安置场所日常维护管理，灾时在县(市、区)党委、政府的统一领导下，由所在乡镇或由乡镇委托所在的村民委员会管理。民政部门平时负责管理业务的指导，灾时负责生活保障的协调。同时，以乡镇基干民兵、青年团员为主体，建立抗灾救灾志愿者队伍。

5.2.2 避灾安置场所的管理规范

避灾安置场所建设和管理要坚持以人为本、科学规划、质量第一、安全保障、综合利用的原则。具体是要做到：

(1)县级人民政府要建立健全避灾安置场所使用管理制度，并向公众公开。

(2)避灾安置场所管理单位要确定专人负责避灾安置场所日常维护管理。

(3)避灾安置场所房屋主体建筑、电线电路、消防设施等要做到定期检查、定期维护，并予记录。特别是每年汛前，民政、建设部门要会同相关部门开展安全检查，对各级避灾场所的安全性进行评估，及时整改安全隐患。

(4)加强避灾安置场所各类救灾物资管理。所有避灾安置场所都应设有符合储存条件的救灾物资储藏设施。建在学校、体育场馆、人防等公共设施内的避灾安置场所，要协调有关部门，专设救灾物资储藏室。要加强各类救灾物资的储存和管理，注意做好防潮、防霉等日常维护，定期检查整理，及时更换补充，确保物资质量和数量。平时要储备足够的应急灯、草席、蜡烛、毛毯(被子)、雨具等日常用品应急物资。灾害来临前，至少要有 2 至 3 天的食品储备，并有后续食品供给的相应措施。汛期结束后，经县级民政部门批准，更换的保质期内的食物可转入当地慈善超市，或用于对困难群众的救助。不得将过期变质食物发放给避灾安置群众食用。

(5)要及时修订完善乡镇(街道)、村(社区)救灾应急预案，确定各避灾安置场所的可安置人数，并配套制定避灾安置场所应急方案和工作规程，明确启用、关闭的程序、条件和时间；明确转移安置的范围、对象和路线等，保证转移安置工作有序、高效。要严格按照预案，落实转移安置人员数量。要广泛向群众宣传避灾安置场所的作用。

(6)避灾安置场所应急启用，由县级人民政府宣布，并统一指挥管理。民政、公安、交通、卫生、教育、建设等部门各负其责，指导、协助乡镇人民政府做好避灾群众的转移安置。在特别紧急情况下，避灾安置场所启用可由乡镇人民政府决定，并报告县级人民政府和民政部门。

要通过广播、电视、手机短信、电子显示屏、互联网等方式，及时公告避灾安置场所的具体地址和到达路径。

案例 5-1:定海避灾安排

为了应对 2011 年 8 月强台风“梅花”即将登陆，提前做好避灾群众的转移安置准备，定海民政局在其网站上发布了全区 66 个避灾安置场所的信息，具体包括名称、地址、面积、可容纳人数、联系人及联系方式等内容，并配有地图，方便避灾群众及时掌握准确信息，就近转移安置。

(7)避灾安置场所启用后，避灾安置场所管理单位要及时组织干部和志愿者加强对避灾安置人员的管理和服务，对避灾安置人员进行进出登记，通过发放明白卡、名单上墙等办法，使其明悉安置相关事项。在避灾安置期间，要通过广播，制作避灾安全手册等方式，宣传避灾安置场所的功能、避灾人员守则、自救互救常识等。做好食物等基本生活用品的发放、登记，安排好群众的基本生活，安抚受灾群众情绪，全面掌握避灾群众的动态，维护好避灾安置场所秩序。

(8)加强避灾安置场所卫生、防疫和食品安全管理，及时医治或转送受伤、患病人员，防止疾病传播，保障群众身体健康。

(9)要及时对避灾安置场所使用管理情况进行分析评估，查找存在的问题和薄弱环节，积极采取应对措施加以改进，不断提高避灾安置场所的保障能力和管理水平。

(10)要积极争取各级党委、政府领导的重视支持和有关职能部门的协调配合，将避灾安置场所建设纳入各级政府年度工作目标考核，加大人力物力投入，探索建立长效管理机制，确保各项工作落实到位。

5.2.3 避灾安置场所为避灾人员提供的基本生活保障

保障避灾人员的基本生活是民政部门应尽的职责，也是避灾安置场所的主要任务。转移安置对象在避灾安置期间，由政府负责基本生活保障。总体要求是做好“五有”保障，保障避灾人员“有饭吃、有衣穿、有住处、有洁净水喝、有病能得到及时救治”。

(1)设施完备。避灾安置场所分设男女休息室、特殊人员休息室(为孕妇或残障人士单独提供)、管理人员办公室、救灾物资储备室、厨房间和卫生间，应有完善的给水、照明和通信设施。有条件的情况下，避灾场所宜设置医疗室，避灾中心宜配置应急发电设备，应对放射性辐射、有毒物质扩散及爆炸等的紧急处置措施。

(2)物资充足。避灾安置场所应储备定量的床铺、草席、被具、救生衣(圈)、雨具、应急灯、手电筒、电池、常用应急药品、妇婴用品、饮用水、应急食品等救灾应急物资。灾害来临前，至少要有 2 至 3 天的食品储备，并保证后续食品持续供给。

(3)保障安全。避灾安置场所选址避开了易受泥石流、滑坡、洪涝等灾害威胁的地段，选择地质条件好、地形安全、交通便利、人员转移快捷的地方。房屋建筑都经有资质的房屋质量安全检测机构鉴定，符合要求。避灾安置场所有一定的消防设施和食品卫生安全措施，要在醒目位置张贴建筑平面图，表明功用区和安全撤离通道等。避灾安置场所有管理人员和志愿者开展巡查管理，维护现场秩序，通过这些措施保障避灾人员的人身安全。

(4)生活保障标准。基本生活保障水平原则上应略高于当地每人每天城镇最低生活保障标准。

(5)精神抚慰。要加强与避灾群众的交流和沟通，安抚避灾群众的情绪。在有条件的情况下，避灾安置中心要尽可能地丰富避灾群众的娱乐活动。

案例 5-2：北仑梅山乡梅中村避灾点

2011 年 8 月强台风“梅花”登陆前夕，北仑梅山乡梅中村的避灾点——梅中村大会堂的避灾群众不仅领到方便面、矿泉水、饼干等食品，还一同观看了电影《李天佑血战四平》，让群众感到“很安心也很舒服”。

5.3 避灾安置场所的管理制度

建立健全管理制度，逐步实现避灾安置场所建设和管理的规范化是加强避灾安置场所建设的一个重要方面。下面介绍苍南县制定的有关避灾安置场所在审批、资金补助、应急救灾物资、场所运行、管理人员、避灾人员等方面的管理制度，供读者参考，并结合实际完善基层避灾安置场所的制度建设。

5.3.1 避灾安置场所建设审批规程

(1)拟建避灾安置场所产权单位携可行性报告向所在乡镇政府提出申请。

(2)乡镇政府实地调查核准后以文件形式或以调查处理意见单形式向县避灾安置场所建设和管理领导小组办公室提出申请。

(3)县避灾安置场所建设和管理领导小组办公室组织相关部门人员现场勘验，作出准予或不予筹建的答复。

(4)获准筹建的避灾安置场所产权单位向国土、规划建设等部门按照工程建设基本程序办理相关手续。

(5)建设单位按建设质量要求施工建设。

(6)避灾安置场所产权单位向县避灾安置场所建设和管理领导小组办公室出示工程竣工验收合格结论或房屋质量安全检测机构安全鉴定结论，并申请安全确认。

(7)县避灾安置场所建设和管理领导小组现场鉴定合格后，报请县政府发文确认。

5.3.2 避灾安置场所规范化建设规范

(1)建立三支队伍：管理服务队伍、义务宣教队伍和志愿者服务队伍。

(2)健全三种制度：《管理人员职责》、《避灾安置场所运行制度》

和《避灾人员守则》。

(3)完善三种安全措施:消防设施,食品卫生安全措施,制订楼层分布图和逃生路线图。

(4)完善六种基本设施:安置室(分男、女)、减灾宣传专用教室、救灾物资储备室、医务室、管理人员办公室、电化教育设施。

(5)储备定量基本救灾应急物资:包括床铺、草席、被具、救生衣(圈)、雨具、应急灯、手电筒、电池、常用应急药品、妇婴用品、饮用水、应急食品等。

(6)形成浓厚的宣传氛围:有醒目的标识牌、宣传窗、宣传框、固定宣传标语、科普资料或刊物、音像资料等。

5.3.3 避灾安置场所应急救灾物资储备与管理制度

(1)避灾安置场所应当储备定量的应急救灾物资,包括应急救助物资、生活必需品和应急救助装备。

(2)救灾应急物资储备分为实物储备和协议储备。采用协议储备方式的,应当建立供应商名录,确保其按要求保障救灾应急物资供应。

(3)避灾安置场所管理单位应当确定专人负责救灾应急物资储备与管理。

(4)避灾安置场所管理单位应当加强救灾应急物资管理,定期检查,及时补充、更换食物、日用品等。台汛期结束后,经县民政局批准,更换的保质期内的食物可转入当地慈善超市,或用于对困难群众的救助。不得将过期变质食物发放给避灾安置群众食用。

5.3.4 避灾安置中心运行制度

(1)避灾安置中心坚持“以人为本、为民解困、为民服务”的服务宗旨,无偿为受灾群众服务。

(2)避灾安置中心的启用按县人民政府发布启用指令,由灾情所在地乡镇、村(社区)组织实施。在特别紧急情况下,避灾安置中心启用可由乡镇人民政府决定,并报告县人民政府和民政部门。

(3)避灾安置中心实行属地管理原则。乡镇人民政府要加强对避灾安置中心的领导，组织专门的工作班子，落实管理职责，负责日常管理和维护工作，县民政局负责业务指导。

(4)避灾安置中心运行所需经费，由乡镇财政投入为主，县级财政适当补助，并列入财政预算。

(5)避灾安置中心以接收因重特大灾害发生时须转移安置人员为主。其中精神病人员、传染病患者不得接收入住。

(6)避灾安置中心应当配置发电设备，要保证避灾人员有饭吃、有干净的水喝，晚上有睡觉的地方，并配备必要的医疗急救及其相关服务人员。厨房和餐厅应当保持清洁，食物的采购、制作、存放应当符合卫生、质量要求，实行分餐制。

(7)避灾人员应当遵守有关规章制度、爱护公共财物、文明礼貌、团结互助。

(8)避灾安置中心要建立工作人员(志愿者服务)队伍参与中心启用时的服务工作，高度重视并努力做好安全工作。

5.3.5 避灾安置场所管理人员工作职责

(1)热爱本职工作，全心全意为避灾人员服务。做到态度和蔼、耐心细致、热情周到。

(2)接到启用指令后，及时启用避灾安置场所，准备好床被、应急照明等救灾设备，做好接纳避灾人员的准备。

(3)向乡镇或村(社区)报告接纳避灾人员及所需食物数量。

(4)做好入住避灾安置场所人员的登记和临时安置工作，发放食物、衣物等生活必需品。

(5)经常与避灾人员保持交流，掌握他们的思想动态和健康状况，防止突发事件发生，确保避灾安置场所稳定。

(6)每天记录救灾物资发放情况，报告救灾物资使用及所需情况。

(7)宣传防灾减灾和群众自救、互救知识，发放避灾宣传手册。

(8)灾害过后，清点救灾物资，回收、清洗、消毒和整理可利用的救灾物资，报告救灾物资损耗情况。

(9)日常管理期间,查验救灾设备能否正常使用,储存食品是否过期变质等。

5.3.6 避灾安置场所服务规范

(1)避灾安置场所管理单位应当建立健全长效运行、管理服务的规章制度,并向公众公开,定期组织服务人员进行业务培训,开展避灾演练,提升服务水平。

(2)避灾安置场所应当建立志愿者服务队伍,参与启动避灾安置时的服务工作。

(3)避灾安置场所管理服务人员和志愿者应当佩带服务标志。

(4)避灾安置场所启用后,其管理单位应当及时组织管理人员和志愿者进行管理和服务,对转移安置人员进行登记造册,安排好转移安置对象的基本生活,安抚转移安置对象情绪,全面掌握转移安置人员的思想动态和健康状况,防止突发事件的发生,确保避灾过程规范、有序、安全。

(5)避灾安置场所启用期间应当严格执行卫生、防疫和食品安全规定,不得将过期变质食物发放给避灾安置群众食用,及时医治或转送伤病人员,防止疾病传播、保障群众身体健康。

5.3.7 避灾人员守则

自觉遵守纪律　不违反规定
管好随身物品　不乱拿他物
搞好内部团结　不互相争吵
提倡互助友爱　不无事生非
爱护公共财物　不损坏公物
确保环境整洁　不乱丢杂物
维护公共秩序　不前呼后拥
注意文明卫生　不随地吐痰
遵守安全规定　不随意外出

附件：自然灾害情况统计制度

一、总说明

（一）总则。

1.为及时、准确掌握自然灾害情况，为救灾工作和其他有关工作提供决策依据，根据《中华人民共和国统计法》及实施细则、《中华人民共和国突发事件应对法》、《自然灾害救助条例》和《国家自然灾害救助应急预案》，制定本制度。

2.自然灾害情况统计的基本任务是及时、准确、客观、全面地反映自然灾害情况和救灾工作情况。

3.自然灾害情况统计工作由各级民政部门组织、协调和管理，并接受同级政府统计机构的业务指导。民政部负责全国的自然灾害情况的汇总工作，组织开展阶段性灾情和重特大灾情的会商核定工作，向国务院报告灾情和救灾工作信息，向国家减灾委员会成员单位通报有关情况，统一发布灾情。

4.地方各级民政部门开展自然灾害情况统计报送工作，必须按照《中华人民共和国统计法》及本制度的规定提供统计资料，不得虚报、瞒报、漏报、迟报，不得伪造和篡改，应当严格执行本制度中有关的自然灾害统计报表格式、指标设置、统计口径等规定。

5.地方各级民政部门应使用国家自然灾害灾情管理系统报送灾

情，提高自然灾害情况统计工作的信息化水平。遇常规通讯中断等特殊情况，可通过电话、传真、邮件等传统手段进行灾情报送，待通讯恢复正常后，应及时通过灾情管理系统补报。

6.通常情况下，自然灾害情况统计工作要严格按照本制度中的报表进行填报；对于启动国家一级救灾响应或国务院作出特殊要求的重特大自然灾害，自然灾害情况统计工作应按照《特别重大自然灾害损失统计制度》进行填报。

（二）统计范围和主要内容。

1.本制度以乡镇（街道）为统计单位，县级以上（含县级）地方民政部门为上报单位。

2.本制度所称的自然灾害是指干旱、洪涝灾害，台风、风雹、低温冷冻、雪等气象灾害，火山、地震灾害，山体崩塌、滑坡、泥石流等地质灾害，风暴潮、海啸等海洋灾害，森林草原火灾和生物灾害等。

3.自然灾害情况统计内容包括灾害发生时间、灾害种类、受灾范围、灾害造成的损失以及救灾工作开展情况，统计范围包括本级行政区域内的常住人口和非常住人口，以及农垦国有农场、国有林场、华侨农场中的人员。

（三）灾害信息的统计报送。

1.自然灾害快报。

主要反映洪涝、台风、风雹、低温冷冻、雪、地震、山体崩塌、滑坡、泥石流、风暴潮、海啸、森林草原火灾、生物灾害等自然灾害发生、发展情况和救灾工作情况，分为初报、续报和核报，填报表式使用《自然灾害损失情况统计快报表》、《救灾工作情况统计快报表》；造成人员死亡（含失踪）的，需填写《因灾死亡失踪人口台账》并逐级上报；造成房屋倒塌损坏的，需填写《因灾倒塌损坏住房户台账》，并在核报阶段由县级民政部门向上一级民政部门报备。同时，还应上报反映相关灾情和救灾工作的文字说明。灾情文字说明应包括灾害发生背景、灾害过程、灾情特点、现场情景描述、趋势预测等内容。救灾工作文字说明应反映灾区人民政府及民政等相关部门、社会组织已采取的保障群众生命财产安全和基本生活等方面的各项措施，以及灾区需求、面临困难、下一步工作安排等内容。对于启动国家或地方应急响应的自然灾害，须附反映灾害情况和救灾工作的照片（不少于 3 张）。

（1）初报。

本行政区域内发生自然灾害后，县级民政部门应在灾害发生后的 2 小时内，将反映灾害基本情况的主要指标向地（市）级民政部门报告（含分乡镇数据）。地（市）级民政部门在接到县级报表后，应在 2 小时内审核、汇总数据，并将本行政区域汇总数据（含分县数据）向省级民政部门报告。省级民政部门在接到地（市）级报表后，应在 2 小时内审核、汇总数据，并将本行政区域汇总数据（含分县数据）向民政部报告。

对于造成 10 人以上死亡（含失踪）或房屋大量倒塌、农田大面积受灾等严重损失的自然灾害，县级民政部门应在灾害发生后 2 小时内，同时上报省级民政部门和民政部。

反映灾害基本情况的主要指标包括灾害种类、灾害发生时间、受灾人口、因灾死亡失踪人口、紧急转移安置人口、需紧急生活救助人口（旱灾为因旱需生活救助人口、因旱饮水困难需救助人口）、倒塌房屋户数和间数、严重损坏房屋户数和间数、一般损坏房屋户数和间数。其余指标可在续报和核报中补充填报。

（2）续报。

在灾情稳定前，省、地（市）、县三级民政部门均须执行 24 小时零报告制度。24 小时零报告制度是指在灾害发展过程中，地方各级民政部门每 24 小时须上报一次灾情和救灾工作动态，即使数据没有变化也须上报，直至灾害过程结束。

（3）核报。

灾情稳定后，地方各级民政部门应组织力量，全面开展灾情核定工作，并逐级上报。县级民政部门应在 5 日内将经核定的灾情和救灾工作数据(含分乡镇数据)向地(市)级民政部门报告;地(市)级民政部门在接到县级报表后,应在3日内审核、汇总数据,将本行政区域汇总数据(含分县数据)向省级民政部门报告;省级民政部门在接到地(市)级报表后,应在2日内审核、汇总数据,将本行政区域汇总数据(含分县数据)向民政部报告。

2.旱灾情况报告。

主要反映旱灾灾情的发生、发展情况。在旱情初露,且群众生活受到一定影响时,县级民政部门向地(市)级民政部门进行初报(含分乡镇数据),地(市)级、省级民政部门逐级将汇总数据(含分县数据)上报至民政部。在旱灾灾情发展过程中,地方各级民政部门至少每10日续报一次,灾害过程结束后及时核报。核报数据中各项指标均采用整个旱灾过程中该指标的最大值。

填报表式使用《自然灾害损失情况统计快报表》、《救灾工作情况统计快报表》,同时上报反映相关灾情和救灾工作的文字说明。灾情文字说明应包括灾害背景、灾害过程、灾情特点、现场情景描述、趋势预测等内容;救灾工作文字说明应反映灾区人民政府及民政等相关部门、社会组织已采取保障群众基本生活和抗旱救灾工作等方面的各项措施,以及灾区需求、面临困难、下一步工作安排等内容。对于启动国家或地方应急响应的,须附反映受旱情况和旱灾救助工作的照片(不少于3张)。

3.自然灾害情况年报。

主要反映全年(1月1日—12月31日)因自然灾害造成的损失情况及救灾工作情况。分为年报初报和年报核报,分别在当年10月份和下年1月份上报,填报表式使用《自然灾害损失情况统计年报表》、《救灾工作情况统计年报表》,并对已有的《因灾死亡失踪人口台账》和《因灾倒塌损坏住房户台账》进行相应核定。

(1)年报初报。

县级民政部门应在当年9月下旬开始,初次核查本年度本行政区域内的灾情和救灾工作数据，于10月15日前上报地（市）级民政部门（含分乡镇数据）。地（市）级民政部门接到县级报表后，应及时核查、汇总数据，于10月20日前将本行政区域汇总数据（含分县数据）上报省级民政部门。省级民政部门接到地（市）级报表后，应及时进行核查、汇总数据，于10月25日前将本行政区域汇总数据（含分县数据）上报民政部。地方各级民政部门在上报年报初报之前应与本级国土资源、水利、农业、统计、林业、地震、气象、海洋等部门进行会商。

(2)年报核报。

县级民政部门应在当年12月下旬开始，组织核查本年度本行政区域内的灾情和救灾工作数据，于下年1月10日前上报地（市）级民政部门（含分乡镇数据）。地（市）级民政部门接到县级报表后，应及时核查、汇总数据，于1月15日前将本行政区域汇总数据（含分县数据）上报省级民政部门。省级民政部门在接到地（市）级报表后，于1月20日前将本行政区域汇总数据（含分县数据）上报民政部。

4.受灾人员冬春生活救助情况报告。

统计冬令春荒期间受灾人员生活救助情况，冬令救助时段为当年12月至下年2月，春荒救助时段为下年3－5月（一季作物区为3－7月）。冬春救助工作实施前，地方各级民政部门应组织力量深入基层调查受灾困难人员的自救能力及生活困难等情况。

(1)受灾人员冬春生活需救助情况。

每年9月下旬开始，县级民政部门应着手调查、核实、汇总当年冬季和下年春季本行政区域内受灾家庭口粮、饮水、衣被等方面的困难和需救助的情况，填报《受灾人员冬春生活需救助情况统计表》（含分乡镇数据），于10月15日前报地（市）级民政部门。地（市）级民政部门接到县级民政部门的报表后，应及时核查、汇总数据（含分县数据），于10月20日前报省级民政部门。省级民政部门接到地（市）级民政部门的报表后，应及时核查、汇总数据（含分县数据），于10月25日前报民政部。

县级民政部门以户为单位填写《受灾人员冬春生活政府救助人口台账》(附表3),并报上一级民政部门备案。

(2)受灾人员冬春生活已救助情况。

每年2月下旬开始,县级民政部门应着手调查、核实、汇总本行政区域内受灾家庭口粮、饮水、衣被等方面已救助的情况,填报《受灾人员冬春生活已救助情况统计表》(含分乡镇数据),于3月1日前报地(市)级民政部门。地(市)级民政部门接到县级民政部门的报表后,应及时调查、核实、汇总数据(含分县数据),于3月5日前报省级民政部门。省级民政部门接到地(市)级民政部门的报表后,应及时调查、核实、汇总数据(含分县数据),于3月10日前报民政部。

每年5月下旬开始(一季作物区为7月),县级民政部门应再次着手调查、核实、汇总本行政区域内受灾家庭口粮、饮水、衣被等方面已救助的情况,填报《受灾人员冬春生活已救助情况统计表》(含分乡镇数据),于6月1日前(一季作物区为8月1日)报地(市)级民政部门。地(市)级民政部门接到县级民政部门的报表后,应及时调查、核实、汇总数据(含分县数据),于6月5日前(一季作物区为8月5日)报省级民政部门。省级民政部门接到地(市)级民政部门的报表后,应及时调查、核实、汇总数据(含分县数据),于6月10日前(一季作物区为8月10日)报民政部。

县级民政部门以户为单位填写《受灾人员冬春生活政府救助人口台账》(附表3),并报上一级人民政府民政部门备案。

二、报表目录

<table>
<tr><th>表号</th><th>表名</th><th>报送期别</th><th>填报范围</th><th>报送日期及方式</th><th>报送单位</th></tr>
<tr><td>民统表 1</td><td>自然灾害损失情况统计快报表</td><td rowspan="2">快报（初报、续报、核报）</td><td rowspan="9">乡、镇、街道</td><td rowspan="9">见总说明</td><td rowspan="9">县级以上（含县级）民政部门</td></tr>
<tr><td>民统表 2</td><td>救灾工作情况统计快报表</td></tr>
<tr><td>民统表 3</td><td>自然灾害损失情况统计年报表</td><td rowspan="2">年报（初报、核报）</td></tr>
<tr><td>民统表 4</td><td>救灾工作情况统计年报表</td></tr>
<tr><td>民统表 5</td><td>受灾人员冬春生活需救助情况统计表</td><td rowspan="2">冬春救助</td></tr>
<tr><td>民统表 6</td><td>受灾人员冬春生活已救助情况统计表</td></tr>
<tr><td>附表 1</td><td>因灾死亡失踪人口台账</td><td>快报（初报、续报、核报）、年报（初报、核报）</td></tr>
<tr><td>附表 2</td><td>因灾倒塌损坏住房户台账</td><td>快报(核报)、年报(初报、核报)</td></tr>
<tr><td>附表 3</td><td>受灾人员冬春生活政府救助人口台账</td><td>冬春救助</td></tr>
</table>

三、调查表式

自然灾害损失情况统计快报表

表　　号:民统表 1
制定机关:民政部
填报单位(盖章):　　　　批准机关:国家统计局
____省(自治区、直辖市)____ 地(市)____县(市、区)
批准文号:国统制〔2013〕167 号
年　月　日　　　有效期至:2015 年 12 月

指标名称	代码	计量单位	数量
甲	乙	丙	1
灾害种类	A001	——	
灾害发生时间	A002	年/月/日/时	
灾害结束时间	A003	年/月/日	
受灾乡镇名称	A004	——	
受灾乡镇数量	A005	个	
台风编号	A006	年/号	
地震震级	A007	里氏级	
受灾人口	A008	人	
因灾死亡人口	A009	人	
因灾失踪人口	A010	人	
因灾伤病人口	A011	人	
紧急转移安置人口	A012	人	
其中:集中安置人口	A013	人	
分散安置人口	A014	人	
需紧急生活救助人口	A015	人	
需过渡性生活救助人口	A016	人	
因旱需生活救助人口	A017	人	
其中:因旱饮水困难需救助人口	A018	人	

续表

指标名称	代码	计量单位	数量
被困人口	A019	人	
农作物受灾面积	A020	公顷	
其中:农作物成灾面积	A021	公顷	
其中:农作物绝收面积	A022	公顷	
草场受灾面积	A023	公顷	
倒塌房屋户数	A024	户	
其中:倒塌农房户数	A025	户	
倒塌房屋间数	A026	间	
其中:倒塌农房间数	A027	间	
严重损坏房屋户数	A028	户	
其中:严重损坏农房户数	A029	户	
严重损坏房屋间数	A030	间	
其中:严重损坏农房间数	A031	间	
一般损坏房屋户数	A032	户	
其中:一般损坏农房户数	A033	户	
一般损坏房屋间数	A034	间	
其中:一般损坏农房间数	A035	间	
因灾死亡大牲畜	A036	头只	
因灾死亡羊只	A037	只	
饮水困难大牲畜	A038	头只	
毁坏耕地面积	A039	公顷	
受淹城区	A040	个	
受淹镇区	A041	个	
受淹乡村	A042	个	
直接经济损失	A043	万元	
其中:农业损失	A044	万元	
工矿企业损失	A045	万元	
基础设施损失	A046	万元	
公益设施损失	A047	万元	
家庭财产损失	A048	万元	

单位负责人：　　　　　　　　填报人：

说明：

1. 本表由县级以上（含县级）民政部门组织填报、汇总。各省（自治区、直辖市）和新疆生产建设兵团民政厅（局）上报本表时应将分县报表一并上报。

2. 本表的逻辑校验公式：A003≥A002；A008≥A009；A008≥A010；A008≥A011；A008≥A012；A008≥A013；A008≥A014；A008≥A015；A008≥A016；A008≥A017；A008≥A018；A008≥A019；A012＝A013＋A014；A017≥A018；A008≥A012＋A015；A020≥A021≥A022；A024≥A025；A026≥A027；A028≥A029；A030≥A031；A032≥A033；A034≥A035；A026≥A024；A027≥A025；A030≥A028；A031≥A029；A034≥A032；A035≥A033；A043≥A044＋A045＋A046＋A047＋A048。

救灾工作情况统计快报表

表　　号:民统表2
制定机关:民政部
填报单位(盖章):　　　　　　　　　　批准机关:国家统计局
__省(自治区、直辖市)__ 地(市)__县(市、区)
批准文号:国统制〔2013〕167号
年　月　日　　　　　　有效期至:2015年12月

指标名称	代码	计量单位	数量
甲	乙	丙	1
本级启动响应时间	B001	年/月/日/时/分	
本级启动响应级别	B002	级	
本地区已支出自然灾害生活补助资金	B003	万元	
发放衣被数量	B004	套	
搭建帐篷数量	B005	顶	
其他生活类物资投入折款	B006	万元	

单位负责人:　　　　　　　　填报人:

说明:

本表由县级以上(含县级)民政部门组织填报、汇总。各省(自治区、直辖市)和新疆生产建设兵团民政厅(局)上报本表时应将分县报表一并上报。

自然灾害损失情况统计年报表

表　　号:民统表 3
制定机关:民政部
批准机关:国家统计局

填报单位(盖章):

__省(自治区、直辖市)__地(市)__县(市、区)

批准文号:国统制〔2013〕167 号

年　　　　有效期至:2015 年 12 月

指标名称	代码	计量单位	数量
甲	乙	丙	1
灾害种类	C001	——	
受灾乡镇数量	C002	个	
受灾人口	C003	人	
因灾死亡人口	C004	人	
因灾失踪人口	C005	人	
因灾伤病人口	C006	人	
紧急转移安置人口	C007	人	
需紧急生活救助人口	C008	人	
需过渡性生活救助人口	C009	人	
因旱需生活救助人口	C010	人	
其中:因旱饮水困难需救助人口	C011	人	
农作物受灾面积	C012	公顷	
其中:农作物成灾面积	C013	公顷	
其中:农作物绝收面积	C014	公顷	
草场受灾面积	C015	公顷	
倒塌房屋户数	C016	户	
其中:倒塌农房户数	C017	户	
倒塌房屋间数	C018	间	
其中:倒塌农房间数	C019	间	
严重损坏房屋户数	C020	户	
其中:严重损坏农房户数	C021	户	
严重损坏房屋间数	C022	间	
其中:严重损坏农房间数	C023	间	

续表

指标名称	代码	计量单位	数量
一般损坏房屋户数	C024	户	
其中：一般损坏农房户数	C025	户	
一般损坏房屋间数	C026	间	
其中：一般损坏农房间数	C027	间	
因灾死亡大牲畜	C028	头只	
因灾死亡羊只	C029	只	
直接经济损失	C030	万元	
其中：农业损失	C031	万元	
工矿企业损失	C032	万元	
基础设施损失	C033	万元	
公益设施损失	C034	万元	
家庭财产损失	C035	万元	

单位负责人：　　　　　　　　　　填报人：

说明：

1. 本表由县级以上（含县级）民政部门，分灾种组织填报、汇总。各省（自治区、直辖市）和新疆生产建设兵团民政厅（局）上报时应将分县报表一并上报。统计时须剔除重复受灾情况。

2. 本表的逻辑校验公式：C003≥C004；C003≥C005；C003≥C006；C003≥C007；C003≥C008；C003≥C009；C003≥C010；C003≥C011；C003≥C007＋C008；C010≥C011；C012≥C013≥C014；C016≥C017；C018≥C019；C020≥C021；C022≥C023；C024≥C025；C026≥C027；C018≥C016；C019≥C017；C022≥C020；C023≥C021；C026≥C024；C027≥C025；C030≥C031＋C032＋C033＋C034＋C035。

救灾工作情况统计年报表

表　　号：民统表 4
制定机关：民政部
填报单位（盖章）：　　　　　　　　　　　批准机关：国家统计局
__省（自治区、直辖市）__地（市）__县（市、区）
批准文号：国统制〔2013〕167 号
年　　　　　　　　有效期至：2015 年 12 月

指标名称	代码	计量单位	数量
甲	乙	丙	1
启动响应次数	D001	次	
已救助人口	D002	人	
已重建住房户数	D003	户	
已重建住房间数	D004	间	
已维修住房户数	D005	户	
已维修住房间数	D006	间	
本地区支出自然灾害生活补助资金总数	D007	万元	
其中：已支出应急生活补助资金	D008	万元	
已支出遇难人员家属抚慰金	D009	万元	
已支出过渡性生活救助资金	D010	万元	
已支出恢复重建补助资金	D011	万元	
已支出旱灾救助资金	D012	万元	
本级财政安排的自然灾害生活补助资金	D013	万元	
上级财政安排的自然灾害生活补助资金	D014	万元	
本级接收的捐赠资金自然灾害生活补助支出	D015	万元	
本级生活类救灾物资投入折款	D016	万元	

单位负责人：　　　　　　　　　　　填表人：

说明：

1. 本表由县级以上（含县级）民政部门组织填报汇总。各省（自治区、直辖市）和新疆生产建设兵团民政厅（局）上报时应将分县报表一并上报。

2. 本表的逻辑校验公式：D004≥D003；D006≥D005；D007＝D008＋D009＋D010＋D011＋D012；D002≤C007＋C008＋C009＋C010。

受灾人员冬春生活需救助情况统计表

表　　号：民统表5
制定机关：民政部
填报单位（盖章）：　　批准机关：国家统计局
__省（自治区、直辖市）__地（市）__县（市、区）
批准文号：国统制〔2013〕167号
年　月　日　　有效期至：2015年12月

指标名称	代码	计量单位	数量
甲	乙	丙	1
乡村人口	E001	人	
需救助人口	E002	人	
其中：需口粮救助人口	E003	人	
需衣被救助人口	E004	人	
需取暖救助人口	E005	人	
需其他生活救助人口	E006	人	
本级政府计划安排资金	E007	万元	
需上级政府帮助解决资金	E008	万元	

单位负责人：　　填报人：

说明：

1. 本表由县级以上（含县级）民政部门，组织填报、汇总。各省

(自治区、直辖市)和新疆生产建设兵团民政厅(局)上报时应将分县报表一并上报。

2.“需救助人口”为需救助的总人数,须剔除重复统计人数。

3.本表的逻辑校验公式:E002≤E003+E004+E005+E006。

受灾人员冬春生活已救助情况统计表

表　　号:民统表6

制定机关:民政部

填报单位(盖章):　　　　批准机关:国家统计局

__省(自治区、直辖市)__ 地(市)__县(市、区)

批准文号:国统制〔2013〕167号

年　月　日　　　　有效期至:2015年12月

指标名称	代码	计量单位	数量
甲	乙	丙	1
省级下拨中央冬春补助资金时间	F001	年/月/日	
省级下拨中央冬春补助资金文号	F002	——	
已救助人口	F003	人	
其中:已口粮救助人口	F004	人	
已衣被救助人口	F005	人	
已取暖救助人口	F006	人	
已其他生活救助人口	F007	人	
本级财政已安排资金	F008	万元	
上级财政已安排资金	F009	万元	

单位负责人:　　　　填报人:

说明:

1.本表由县级以上(含县级)民政部门,组织填报、汇总。各省(自治区、直辖市)和新疆生产建设兵团民政厅(局)上报时应将分县报表一并上报。

2. 本表前两项“省级下拨中央冬春补助资金时间”、“省级下拨中央冬春补助资金文号”由省（自治区、直辖市）和新疆生产建设兵团民政厅（局）填报。

3. 本表的逻辑校验公式：F003≤F004＋F005＋F006＋F007；F003≤E002；F004≤E003；F005≤E004；F006≤E005；F007≤E006。

因灾死亡失踪人口台账

表　　号：附表1

制定机关：民政部

填报单位（盖章）：　　　　批准机关：国家统计局

__省（自治区、直辖市）__地（市）__县（市、区）

批准文号：国统制〔2013〕167号

年　月　日　　　　有效期至：2015年12月

序号	姓名	性别	年龄	民族	户口所在地	身份证号	死亡失踪地点	死亡失踪时间	死亡失踪原因	灾害种类	备注
代码	1	2	3	4	5	6	7	8	9	10	11
单位	——	——	岁	——	——	——	——	年/月/日	——	——	——

单位负责人：　　　　填报人：

说明：

1. 本表由县级以上（含县级）民政部门，组织填报、汇总。各省（自治区、直辖市）和新疆生产建设兵团民政厅（局）上报时应将分县报表一并上报。

2. “备注”中需注明人员为“死亡”还是“失踪”。

因灾倒塌损坏住房户台账

表　　号：附表 2
制定机关：民政部
填报单位（盖章）：　　　　　　　　批准机关：国家统计局
__省（自治区、直辖市）__ 地（市）__ 县（市、区）
批准文号：国统制〔2013〕167 号
年　月　日　　　　有效期至：2015 年 12 月

序号	家庭情况						灾害基本情况		房屋倒塌、损坏情况			备注
	户主姓名	户主身份证号	家庭类型	家庭人口	房屋间数	房屋结构	受灾时间	灾害种类	倒塌房屋间数	严重损坏房屋间数	一般损坏房屋间数	
代码	1	2	3	4	5	6	7	8	9	10	11	12
单位	——	——	——	人	间	——	年/月/日	——	间	间	间	——

单位负责人：　　　　　　　　填报人：

说明：

1.本表由县级以上（含县级）民政部门，组织填报、汇总，并向上一级民政部门报备。

2.“备注”中需注明该户房屋的倒塌损坏情况：“倒塌”、“严重损坏”、“一般损坏”。

受灾人员冬春生活政府救助人口台账

表　　号：附表3
制定机关：民政部
批准机关：国家统计局
批准文号：国统制〔2013〕167号
有效期至：2015年12月

填报单位(盖章)：
__省(自治区、直辖市)__ 地(市)__ 县(市、区)

年　月　日

序号	户主家庭情况				需救助情况						已救助情况									
	户主姓名	户主身份证号	家庭类型	家庭人口	需口粮救助人口	需救助口粮数量	需衣被救助人口	需救助衣被数量	需取暖救助人口	需其他生活救助人口	已救助口粮人口	已发放救助口粮数量	已支出口粮救助款	已救助衣被人口	已发放救助衣被数量	已支出衣被救助款	已救助取暖人口	已支出取暖救助款	其他已救助人口	其他已支出生活救助款
代码	1	2	3	4	5	6	7	8	9	10	11	12	13	14	15	16	17	18	19	20
单位	—	—	—	人	人	公斤	人	件	人	人	人	公斤	元	人	件	元	人	元	人	元

单位负责人：　　　　　　　　填报人：

说明：

1. 本表由县级以上(含县级)民政部门，组织填报、汇总，并向上一级民政部门报备。

2. 本表的逻辑校验公式：5栏≥11栏；6栏≥12栏；7栏≥14栏；8栏≥15栏；9栏≥17栏；10栏≥19栏。

四、指标解释

(一)《自然灾害损失情况统计快报表》。

1.灾害种类:指干旱、洪涝、台风、风雹、低温冷冻、雪、地震、山体崩塌、滑坡、泥石流、风暴潮、海啸、森林草原火灾和生物灾害等。

2.灾害发生时间:指灾害发生的日期和时间,采用公历年月日和24小时标准计时方式填写。

3.灾害结束时间:指灾害过程基本结束的日期,采用公历年月日填写。

4.受灾乡镇名称:指本行政区域内受到灾害影响,且造成一定损失的乡镇(街道)的名称。

5.受灾乡镇数量:指本行政区域内受到灾害影响,且造成一定损失的乡镇(街道)数量。

6.台风编号:采用中国气象局公告的台风编号填写,公历某年某号。

7.地震震级:采用中国地震局公告的地震震级填写。

8.受灾人口:指本行政区域内因自然灾害遭受损失的人员数量(含非常住人口)。

9.因灾死亡人口:指以自然灾害为直接原因导致死亡的人员数量(含非常住人口)。

10.因灾失踪人口:指以自然灾害为直接原因导致下落不明,暂时无法确认死亡的人员数量(含非常住人口)。

11.因灾伤病人口:指以自然灾害为直接原因导致受伤或引发疾病的人员数量(含非常住人口)。

12.紧急转移安置人口:指因自然灾害造成不能在现有住房中居住,需由政府进行安置并给予临时生活救助的人员数量(包括非常住人口)。包括受自然灾害袭击导致房屋倒塌、严重损坏(含应急期间未经安全鉴定的其他损房)造成无房可住的人员；或受自然灾害风险影响，由危险区域转移至安全区域，不能返回家中居住的人员。安置类型包含集中安置和分散安置。对于台风灾害，其紧急转移安置人口不含受台风灾害影响从海上回港但无需安置的避险人员。

13. 集中安置人口：指由政府统一安置在集中搭建的帐篷或避灾场所、学校、体育场馆、厂房等场所内的紧急转移安置人员数量。

14. 分散安置人口：指由政府安排安置在分散搭建的帐篷、指定的临时居住场所等地点，或通过投亲靠友等方式安置的紧急转移安置人员数量。

15. 需紧急生活救助人口：指一次灾害过程后，住房未受到严重破坏、不需要转移安置，但因灾造成当下吃穿用等发生困难，不能维持正常生活，需要给予临时生活救助的人员数量(含非常住人口)。主要包括以下 6 种情形：①因灾造成口粮、衣被和日常生活必需用品毁坏、灭失，无法维持正常生活；②因灾造成交通中断导致人员滞留或被困，无法购买或加工口粮、饮用水、衣被等，造成生活必需用品短缺；③因灾造成在收作物(例如将要或正在收获并出售，且作为当前口粮或经济来源的粮食、蔬菜、瓜、果等作物，以及近海养殖水产等)严重受损，导致收入锐减，当前基本生活出现困难；④作为主要经济来源的牲畜、家禽等因灾死亡，导致收入锐减使当前基本生活出现困难；⑤因灾导致伤病需进行紧急救治；⑥因灾造成用水困难(人均用水量连续 3 天低于 35 升)，需政府进行救助(旱灾除外)。

16. 需过渡性生活救助人口：指因自然灾害造成房屋倒塌或严重损坏，无房可住、无生活来源、无自救能力(上述三项条件必须同时具备)，需政府在应急救助阶段结束、恢复重建完成之前帮助解决基本生活困难的人员数量(含非常住人口)。不统计冬春期间因灾生活困难需救助人数。

17. 因旱需生活救助人口：指因旱灾造成饮用水、口粮、衣被等临时生活困难，需政府给予生活救助的人员数量(含非常住人口)，不含冬春期间因灾生活困难需救助人数。

18.因旱饮水困难需救助人口:指因旱灾造成饮用水获取困难,需政府给予救助的人员数量(含非常住人口),具体包括以下情形:①日常饮水水源中断,且无其他替代水源,需通过政府集中送水或出资新增水源的;②日常饮水水源中断,有替代水源,但因取水距离远、取水成本增加,现有能力无法承担需政府救助的;③日常饮水水源未中断,但因旱造成供水受限,人均用水量连续15天低于35升,需政府予以救助的。因气候或其他原因导致的常年饮水困难的人口不统计在内。

19.被困人口:由于自然灾害造成道路中断等原因被围困,生命受到威胁或生活受到严重影响,需紧急转移或救助的人员数量(含非常住人口)。

20.农作物:包括粮食作物、经济作物和其他作物,其中粮食作物是稻谷、小麦、薯类、玉米、高粱、谷子、其他杂粮和大豆等粮食作物的总称,经济作物是棉花、油料、麻类、糖料、烟叶、蚕茧、茶叶、水果等经济作物的总称,其他作物是蔬菜、青饲料、绿肥等作物的总称(下同)。

21.农作物受灾面积:指因灾减产1成以上的农作物播种面积,如果同一地块的当季农作物多次受灾,只计算一次。

22.农作物成灾面积:指农作物受灾面积中,因灾减产3成以上的农作物播种面积。

23.农作物绝收面积:指农作物受灾面积中,因灾减产8成以上的农作物播种面积。

24.草场受灾面积:因灾造成牧草减产的草场面积。

25.倒塌房屋:指因灾导致房屋整体结构塌落,或承重构件多数倾倒或严重损坏,必须进行重建的房屋数量。以具有完整、独立承重结构的一户房屋整体为基本判定单元(一般含多间房屋),以自然间为计算单位;因灾遭受严重损坏,无法修复的牧区帐篷,每顶按3间计算。房屋承重结构主要包括以下类型。①钢筋混凝土结构:梁、板、柱。②砖混结构:竖向承重结构包括承重墙、柱;水平承重构件包括楼板、大梁、过梁、屋面板或木屋架。③砖木结构:竖向承重结构包括承重墙、柱；水平承重构件包括楼板、屋架(木结构)。④土木结构：土墙、木屋架。⑤木结构：柱、梁、屋架(均为木结构)。⑥石砌结构：石砌墙体、屋盖(木结构或板)。以下同。

26.倒塌农房：指因灾倒塌的农村住房。农村住房指农村住户以居住为使用目的的房屋，不统计独立的厨房、牲畜棚等辅助用房、活动房、工棚、简易房和临时房屋。以自然间为计算单位；因灾遭受严重损坏，无法修复的牧区帐篷，每顶按3间计算(以下同)。农村住户指长期(一年以上)居住在乡镇(不含城关镇)行政管理区域的住户，以及长期居住在城关镇所辖行政村范围的住户(以下同)。

27.严重损坏房屋：指因灾导致房屋多数承重构件严重破坏或部分倒塌，需采取排险措施、大修或局部拆除、无维修价值的房屋数量。以自然间为计算单位；因灾遭受严重损坏，需进行较大规模修复的牧区帐篷，每顶按3间计算。

28.严重损坏农房：指因灾严重损坏的农村住房。

29.一般损坏房屋：指因灾导致房屋多数承重构件轻微裂缝，部分明显裂缝；个别非承重构件严重破坏；需一般修理，采取安全措施后可继续使用的房屋间数。以自然间为计算单位；因灾遭受损坏，需进行一般修理，采取安全措施后可继续使用的牧区帐篷，每顶按3间计算。

30.一般损坏农房：指因灾一般损坏的农村住房。

31.因灾死亡大牲畜：以自然灾害为直接原因导致死亡的大牲畜(牛、马、驴、骡、骆驼等)数量。

32.因灾死亡羊只：以自然灾害为直接原因导致死亡的羊只数量。

33.饮水困难大牲畜：指因灾造成饮用水获取困难的大牲畜(牛、马、驴、骡、骆驼等)数量。

34.毁坏耕地面积：指因灾导致被冲毁、掩埋、沙砾化等，在短期内不能恢复的耕地面积。

35.受淹城区：指江河洪水进入城区或降雨产生严重内涝的城区个数。城区是指在市辖区和不设区的市，区、市政府驻地的实际建设连接到的居民委员会和其他区域。

36.受淹镇区:指江河洪水进入镇区或降雨产生严重内涝的镇区个数。镇区是指在城区以外县人民政府驻地和其他镇,政府驻地的实际建设连接到的居民委员会和其他区域。与政府驻地的实际建设不连接,且常住人口在3000人以上的独立的工矿区、开发区、科研单位、大专院校等特殊区域及农场、林场的场部驻地均视为镇区。

37.受淹乡村:指江河洪水进入乡村或降雨产生严重内涝的乡村个数。乡村是指城区、镇区以外的区域。

38.直接经济损失:指受灾体遭受自然灾害后,自身价值降低或丧失所造成的损失。直接经济损失的基本计算方法是:受灾体损毁前的实际价值与损毁率的乘积。

39.农业损失:指因自然灾害造成种植业、林业、畜牧业、渔业的直接经济损失。

40.工矿企业损失:指因自然灾害造成采矿、制造、建筑、商业等企业的直接经济损失。

41.基础设施损失:指因自然灾害造成交通、电力、水利、通信等公共设施的直接经济损失。

42.公益设施损失:指因自然灾害造成教育、卫生、科研、文化、体育、社会保障和社会福利等公益设施的直接经济损失。

43.家庭财产损失:指因自然灾害造成居民住房及其室内附属设备、室内财产、农机具、运输工具、牲畜等的直接经济损失。

(二)《救灾工作情况统计快报表》。

1.本级启动响应时间:指启动本级自然灾害救助应急响应的时间,采用公历年月日填写。

2.本级启动响应级别:指启动本级自然灾害救助应急响应的级别。应急响应根据响应级别,按照I级、II级、III级、IV级形式填写。

3.本地区已支出自然灾害生活补助资金:本行政区域内各级政府已支出的自然灾害生活补助资金数额之和。县级民政部门填报本级自然灾害生活补助资金实际支出情况；地(市)级、省级民政部门填报下一级民政部门自然灾害生活补助资金支出之和。

4.发放衣被数量：指本级政府用于灾民生活救助发放的衣被数量。

5.搭建帐篷数量：指本级政府用于灾民生活救助搭建的帐篷数量。

6.其他生活类物资投入折款：指本级政府用于灾民生活救助的除帐篷、衣被等主要物资外，其他生活类救灾物资折款金额。

(三)《自然灾害损失情况统计年报表》。

指标解释同民统表1。

(四)《救灾工作情况统计年报表》。

1.启动响应次数：指本级政府启动自然灾害救助应急响应的次数。对于一次灾害过程启动多级应急响应的，应分别计次数。

2.已救助人口：指得到各类生活救助的人员总数。

3.已重建住房户数：指需重建住房中已经重建的永久性居民住房的家庭数量。

4.已重建住房间数：指需重建住房中已经重建的永久性居民住房的间数。

5.已维修住房户数：指需维修住房中已经维修好的居民住房的家庭数量。

6.已维修住房间数：指需维修住房中已经维修好的居民住房的间数。

7.本地区支出自然灾害生活补助资金总数：本行政区域内各级政府支出的自然灾害生活补助资金数额之和。县级民政部门填报本级自然灾害生活补助资金实际支出情况；地(市)级、省级民政部门填报下一级民政部门自然灾害生活补助资金支出之和。

8.已支出应急生活救助资金：指已经用于受灾人员应急生活救

助和紧急转移安置，解决受灾人员灾后应急期间无力克服的吃、穿、住等临时生活困难的资金数额。

9.已支出遇难人员家属抚慰金：指已经发放给因灾死亡人员家属的慰问金。

10.已支出过渡性生活救助资金：指已经用于帮助因灾房屋倒塌或严重损坏无房可住、无生活来源、无自救能力的受灾人员，解决灾后过渡期基本生活困难的资金数额。

11.已支出恢复重建补助资金：指已经用于帮助因灾住房倒塌或严重损坏的受灾人员重建基本住房，帮助因灾住房一般损坏的受灾人员维修损坏房屋的资金数额。

12.已支出旱灾救助资金：指已经用于帮助因旱造成生活困难的群众解决口粮和饮水等基本生活困难的资金数额。

13.本级财政安排的自然灾害生活补助资金：指本级政府安排的自然灾害生活补助资金数额。

14.上级财政安排的自然灾害生活补助资金：指上级各级政府安排的自然灾害生活补助资金数额之和。

15.本级接收的捐赠资金自然灾害生活补助支出：指本级政府所接收救灾捐赠资金中支出的自然灾害生活补助资金数额。

16.本级生活类救灾物资投入折款：指本级政府拨付用于本地灾民生活救助的物资折款数额。

(五)《受灾人员冬春生活需救助情况统计表》。

1.乡村人口：指居住在乡村的总人口。

2.需救助人口：指因自然灾害造成基本生活困难，需要政府在当年冬季至下年春季予以口粮、饮水、衣被、取暖、医疗等方面救助的人员数量(含非常住人口)。

3.需口粮救助人口：指因灾需要政府予以口粮救助的人员数量(含非常住人口)。

4.需衣被救助人口：指因灾需要政府予以衣被救助的人员数量

（含非常住人口）。

5.需取暖救助人口：指因灾需要政府予以取暖救助的人员数量（含非常住人口）。

6.需其他生活救助人口：指因灾需要政府予以口粮、衣被、取暖救助之外其他生活救助的人员数量（含非常住人口）。

7.本级政府计划安排资金：指本级政府计划安排的受灾困难群众冬春生活救助资金数额。

8.需上级政府帮助解决资金：指本级政府解决受灾群众冬春生活困难需上级政府帮助解决的资金数额。

（六）《受灾人员冬春生活已救助情况统计表》。

1.省级下拨中央冬春补助资金时间：指省级下拨中央冬春补助资金通知文件的印发时间，采用公历年月日填写。

2.省级下拨中央冬春补助资金文号：指省级下拨中央冬春补助资金通知的文件号。

3.已救助人口：指上年冬季至当年春季已经得到政府予以的口粮、饮水、衣被、取暖、医疗等方面救助的人员数量（含非常住人口）。

4.已口粮救助人口：指政府已予以口粮救助的人员数量（含非常住人口）。

5.已衣被救助人口：指政府已予以衣被救助的人员数量（含非常住人口）。

6.已取暖救助人口：指政府已予以取暖救助的人员数量（含非常住人口）。

7.已其他生活救助人口：指政府已予以口粮、衣被、取暖救助之外其他生活救助的人员数量（含非常住人口）。

8.本级财政已安排资金：指本级政府已安排的财政性冬春生活救助资金数额。

9.上级财政已安排资金：指上级各级政府已安排的财政性冬春生活救助资金数额总和。

（七）《因灾死亡失踪人口台账》。

1.户口所在地：指因灾死亡和失踪人员户籍所在的省（自治区、直辖市）、地（市）、县（市、区）、乡（镇、街道）、行政村（社区）。

2.死亡失踪地点：指因灾人员死亡或失踪发生所在的省（自治区、直辖市）、地（市）、县（市、区）、乡（镇、街道）、行政村（社区）、组（自然村）。

3.死亡失踪时间：指因灾死亡失踪人员死亡或失踪的具体日期，包括年、月、日等。

4.死亡失踪原因包括：①建筑物倒塌；②溺水；③石岩坍塌；④滑坡泥石流掩埋；⑤雷击；⑥触电；⑦低温冷冻；⑧雪崩；⑨高温；⑩其他。可填写序号。其中建筑物倒塌是指因自然灾害导致房屋和构建物两大类建筑物倒塌致死。房屋是指供人居住、工作、学习、生产、经营、娱乐、储藏物品以及进行其他社会活动的工程建筑。构建物是指房屋以外的工程建筑，如围墙、道路、水坝、水井、隧道、水塔、桥梁、烟囱、广告牌等。如因石岩坍塌、滑坡泥石流掩埋导致建筑物倒塌致人死亡的，分别在石岩坍塌、滑坡泥石流掩埋类别中统计。溺水是指因自然灾害导致淹没于水中致死，包括直接落水致死以及因洪水卷走等外在因素致死。石岩坍塌是指因自然灾害导致岩土体滑动、崩落、滚动致死。滑坡泥石流掩埋指斜坡上土体或岩体下滑或大量泥沙石块的粘稠泥浆掩埋致死。雷击是指雷电直接击中或引起导电物体放电致死。触电是指因自然灾害引发触电致死。低温冷冻是指因低温冷冻和雪灾等自然灾害导致体温降低致死。雪崩是指因雪体崩塌致死。高温是指因自然导致的高温环境引发中暑等疾病致死。其他是指除上述死亡原因之外的其他因自然灾害致死的原因。

5.身份证号：指死亡失踪人员的身份证件号码。

（八）《因灾倒塌损坏住房户台账》。

1.户主姓名：指户籍上户主的姓名。

2.身份证号：指户主的身份证件号码。

3.家庭类型包括：①五保户；②低保户；③重点优抚对象；④其他户。可填写序号。

4.家庭人口：指家庭中有户籍的人口数和没有户籍但在此户居住时间超过半年以上的人口数。

5.房屋间数：以居住为使用目的的居民住房。以自然间为计算单位，不统计辅助用房、活动房、工棚、简易房和临时房屋。

6.房屋结构包括：①钢筋混凝土；②砖混结构；③砖木结构；④土木结构；⑤木结构；⑥石砌结构；⑦其他。可填写序号。

7.受灾时间：指因自然灾害导致房屋倒塌损坏的时间。采用公历年月日填写。

8.其余指标解释同民统表1。

（九）《受灾人员冬春生活政府救助人口台账》。

1.身份证号：指户主身份证件号码。

2.已发放救助口粮数量：指已经直接发放给需救助人口的救助粮数量。

3.已支出口粮救助款：指已经直接发放给需救助人口用于口粮救助的资金数量。

4.已发放救助衣被数量：指已经直接发放给需救助人口的衣被数量。

5.已支出衣被救助款：指已经直接发放给需救助人口的用于衣被救助的资金数量。

6.已支出取暖救助款：指已经直接发放给需救助人口用于取暖救助的资金数量。

7.其他已支出生活救助款：指已经直接发放到需救助人口的用于其他生活救助的资金数量。

8.其余指标解释同民统表4、民统表5、民统表6。

五、附录

(一)灾害种类术语解释。

1. 干旱灾害:指一个地区在比较长的时间内降水异常偏少,河流、湖泊等淡水资源总量减少,对人类生产、生活(尤其是农业生产、人畜饮水和吃粮)造成损失和影响的灾害。中国各地根据农业生产的特点和习惯,按干旱出现的季节,分为春旱、夏旱、秋旱、冬旱和季节连旱等。

2. 洪涝灾害:包括洪水和雨涝两类。其中,由于强降雨、冰雪融化、冰凌、堤坝溃决、风暴潮等原因引起江河湖泊及沿海水量增加、水位上涨而泛滥以及山洪暴发所造成的灾害称为洪水灾害;因大雨、暴雨或长期降雨量过于集中而产生大量的积水和径流,排水不及时,致使土地、房屋等渍水、受淹而造成的灾害称为雨涝灾害。由于洪水灾害和雨涝灾害往往同时或连续发生在同一地区,有时难以准确界定,往往统称为洪涝灾害。

3. 台风灾害:指热带或副热带海洋上发生的气旋性涡旋大范围活动,伴随大风、巨浪、暴雨、风暴潮等,对人类生产生活具较强破坏力的灾害。我国气象部门将热带气旋按中心附近地面最大风速从大到小分成六个等级,即超强台风、强台风、台风、强热带风暴、热带风暴、热带低压。各等级的热带气旋为便于统计,实际工作中一般将各等级热带气旋造成的灾害统称为台风灾害。

4. 风雹灾害:指强对流天气引起的大风、冰雹、龙卷风、雷电等所造成的灾害。在实际工作中,沙尘暴所造成的灾害也列入风雹灾害进行统计。

5. 低温冷冻灾害:指在作物的主要生长发育阶段,气温降至影响作物正常生长发育的程度,造成作物减产甚至绝收的灾害,主要包括倒春寒、夏季低温、寒露风、霜冻和寒潮等。

6. 雪灾：指因降雪形成大范围积雪，严重影响人畜生存，以及因降大雪造成交通中断，毁坏通讯、输电等设施的灾害。

7. 地震灾害：指由地震引起的强烈地面振动及伴生的地面裂缝和变形，使各类建（构）筑物倒塌和损坏，设备和设施损坏，交通、通讯中断和其他生命线工程设施等被破坏，以及由此引起的火灾、爆炸、瘟疫、有毒物质泄露、放射性污染、场地破坏等造成人畜伤亡和财产损失的灾害。

8. 山体崩塌灾害：指较陡斜坡上的岩、土体在重力作用下突然脱离山体崩落、滚动，并相互撞击，最后堆积在坡脚（或沟谷）形成倒石堆造成生命财产损失的灾害。

9. 滑坡灾害：指斜坡上的岩土体由于种种原因，在重力作用下沿一定的软弱面整体向下滑动造成生命财产损失的灾害。

10. 泥石流灾害：指山区沟谷中，由于暴雨、冰雹、融水等水源激发的、含有大量泥沙石块的特殊洪流造成生命财产损失的灾害。

11. 风暴潮灾害：指由台风、温带气旋、冷锋的强风作用和气压骤变等强烈的天气系统引起的海面异常升降造成生命财产损失的灾害。

12. 海啸灾害：指由水下地震、火山爆发或水下塌陷和滑坡激起巨浪造成生命财产损失的灾害。

13. 森林草原火灾：指在森林、草原燃烧中，失去人为控制，对森林或草原产生破坏作用的一种自由燃烧现象所导致的灾害。

14. 生物灾害：指病、虫、杂草、害鼠等在一定环境下暴发或流行，严重破坏农作物、森林、草原和畜牧业的灾害。

（二）乡（镇、街道）、行政村（社区）自然灾害情况统计规程。

1. 报送内容：

发生在本行政区域内的干旱、洪涝、台风、风雹、低温冷冻、雪、地震、山体崩塌、滑坡、泥石流、风暴潮、海啸、森林草原火灾、生物灾害等自然灾害的受灾情况。主要内容包括：灾害发生时间、结束时间、受灾区域、人口受灾情况、农作物受灾情况、房屋倒塌损坏情况、基础设施损坏情况、救灾工作开展情况及灾区存在的主要困难和问题等。乡(镇、街道)、行政村(社区)报送灾情所使用的调查表式、指标解释可参考制度正文第三、四部分相关内容。

2.报送要求。

(1)自然灾害快报。

反映洪涝、台风、风雹、低温冷冻、雪、地震、山体崩塌、滑坡、泥石流、风暴潮、海啸、森林草原火灾、生物灾害等自然灾害发生、发展情况。填报程序分为初报、续报和核报,并同时上报相关灾情和救灾工作文字说明。

初报:发生自然灾害,行政村(社区)应在灾害发生后的1小时内上报乡镇(街道),乡镇(街道)在接到灾情后半小时内汇总上报到县(市、区)民政部门。

续报:在自然灾害灾情稳定之前,需执行24小时零报告制度,即灾害发生后,每24小时必须上报一次灾情,即使灾情没有变化也必须上报,直至灾害过程结束。

核报:灾情稳定后,行政村(社区)应在1日内核定灾情,上报乡镇(街道),乡镇(街道)在1日内汇总上报到县(市、区)民政部门。

对于因灾死亡失踪人口和倒塌损坏房屋情况,行政村(社区)要同时填报《因灾死亡失踪人口台账》和《因灾倒塌损坏住房户台账》,并会同自然灾害快报上报乡镇(街道),乡镇(街道)汇总上报到县(市、区)民政部门。

(2)旱灾情况报告。

反映旱灾灾情的发生、发展情况,分为初报、续报和核报,同时上报相关灾情文字说明。在旱情初露,群众生活受到一定影响时,行政村(社区)上报乡镇(街道),乡镇(街道)汇总情况后上报到县(市、区)民政部门。在旱情发展过程中,行政村(社区)、乡镇(街道)至少每10日续报一次,灾害过程结束后及时核报。核报数据中各项指标均采用整个旱灾过程中该指标的最大值。

(3)年报。

反映当年(1月1日—12月31日)因自然灾害造成的损失情况及救灾工作情况。行政村(社区)应在每年9月下旬开始核查本年度本行政区域内的自然灾害情况和救灾工作情况，于9月30日前上报乡镇(街道)，乡镇(街道)于10月10日前汇总上报到县(市、区)民政部门。

(4)冬春灾民生活救助情况报告。

统计冬令春荒季节灾民生活救助情况，冬令救助时段为当年12月至下年2月，春荒救助时段为下年3－5月(一季作物区为3－7月)。

每年9月下旬开始，行政村(社区)民政部门应着手调查、核实、汇总当年冬季和下年春季本行政区域内受灾家庭口粮、饮水、衣被等方面困难且需救助情况，填报《受灾人员冬春生活政府救助人口台账》，于9月30日前上报乡镇(街道)。乡镇(街道)在接到行政村(社区)级报表后，应及时核定本地区情况、汇总数据，于10月10日前将本地区汇总数据上报到县(市、区)民政部门。

在当年12月至下年2月期间，冬令救助工作完成后，行政村(社区)应对本行政区域内受灾人员冬春生活已救助的情况进行调查、核实、汇总，填写《受灾人员冬春生活政府救助人口台账》，于下年2月20日前报乡镇(街道)。乡镇(街道)在接到行政村(社区)级报表后，应及时核定本地区情况、汇总数据，于2月25日前报县级民政部门。

在下年的3－5月(一季作物区为3－7月)期间，春荒救助工作完成后，行政村(社区)应对本行政区域内受灾人员冬春生活已救助的情况进行调查、核实、汇总，填写《受灾人员冬春生活政府救助人口台账》，于5月20日(一季作物区7月20日)前报乡镇(街道)。乡镇(街道)在接到行政村(社区)级报表后，应及时核定本地区情况、汇总数据，于5月25日(一季作物区7月25日)前报县级民政部门。

县级民政部门以户为单位汇总《受灾人员冬春生活政府救助人口台账》，并分别于3月份和6月份(一季作物区为8月份)上报上一级民政部门备案。

3.报送方式。

行政村(社区)向乡镇(街道)报送灾情时,有条件的应以传真或电子邮件上报;条件不具备的,可采用电话或其他方式报告,电话报告时应做好电话记录备案。

乡镇(街道)向县(市、区)上报灾情时,应通过国家自然灾害灾情管理系统、传真或电子邮件上报;特殊情况下,可采用电话或其他方式。

4.报送人员。

原则上乡镇(街道)灾情报送人员为乡镇(街道)民政助理员,行政村(社区)灾情报送人员为行政村"两委"成员或社区灾害信息员。

(三)附则。

1.民政部建立灾情统计评估和通报制度,对各地报灾情况进行监督。对坚持原则,实事求是调查、统计、核定、报告灾情的,予以表扬;对报灾不实或延误报灾时间,造成后果的要追究责任,依法查处。

2.如实报告灾情受到阻拦时,民政部门在向当地政府和上级主管部门报告的同时,可越级报告。对如实反映情况者进行打击报复的,提请纪检、监察部门查处。

3.本制度由民政部制定,国家统计局批准,由民政部负责解释。

4.本制度发至乡镇(街道)级。

5.本制度自2014年1月1日起实行。